U0113823

经典的棒针蕾丝

40款独特又精致的蕾丝衣物

美国Vogue Knitting编辑部　编著
潇潇　译

河南科学技术出版社
·郑州·

目　录

摄影：露丝·卡拉翰

前 言

适合所有人的蕾丝

当我们准备再出版一本*Vogue Knitting*花样图书的时候，显而易见应该围绕着蕾丝这一主题，理由很充分：它是多数编织爱好者挚爱的一种编织技巧。蕾丝花样编织十分有趣，当你看到花样在针尖慢慢浮现，那种满足感会让你欲罢不能。此外，在*Vogue Knitting*里出现过的那些令人叹为观止的设计，有很多都是蕾丝织物，美得让人窒息。

当听到“蕾丝”这个词的时候，很多人就会立刻在脑海中浮现出我们都熟悉且钟爱的那种用错综复杂的花样织就的精致、薄如羽翼的披肩。虽然它们是蕾丝的主要代表和重要组成部分，但蕾丝其实要比我们很多人了解到的更多变。故而，当我们选择做这一个花样专辑的时候，就希望囊括一系列不同的织物类型、编织难度、编织方法，去强调蕾丝的无限可能；要知道在数量庞大、每一种都极具观赏性的花样中挑选符合要求的花样，实非易事。

从一件易穿着的、带有蕾丝育克的弹性套头衫（见第13页），到一款均码的、由三列花样组成的敞开式围裹披肩（见第51页），少许蕾丝就能成为设计中的亮点元素。无论是一条设计复杂的满花大披肩（见第65页），还是一些简单重复孔眼的花样（见第71页），蕾丝的效果并不取决于应用范围或是复杂程度。在一件简单配饰上稀疏分布的蕾丝花样（见第81页），或者之后再进行连接的单独主题花片（见第83页），只要你敢想象，蕾丝就有千万种变化，就有无限可能。

这一本40款蕾丝花样编织作品合辑是*Vogue Knitting*里那些最抓人眼球的经典作品集合，几乎每一个编织爱好者都可以在其中找到自己喜欢的内容，享受编织的乐趣。如果对于蕾丝花样来说你还是一个初学者或者不甚自信，那么可以从简单的点缀有蕾丝花样的配饰或者服装入手开始编织。如果你想在这本书里找到进阶难度作品自我挑战一下，那么就去看看大型披肩或者复杂的套头衫。不管你的编织水平如何，抑或个人擅长哪一种风格，蕾丝都是一种能让你乐在其中的编织技巧。

诺拉・高根
*Vogue Knitting*主编

摄影：露丝・卡拉翰

回声披肩

丽莎·霍夫曼的这条披肩，精致的蕾丝花样呈现出斜向条纹，在微凉的夜晚不失为完美搭配。在编织这条均码围裹式披肩时，你会不经意间滑入加减针带来的美妙节律中。

编织难度

■■■□

尺寸测量

宽：53.5cm

长（一侧）：200.5cm

使用材料和工具

- 50g/团（约165m）的String Yarns品牌Amalfi纱线（成分：黏胶/羊毛/真丝/羊绒），色号#728330 紫红色，6团 (2)
- 7号（4.5mm）环形针，60cm长度，或任意能够符合密度的针号
- 记号扣

密度

- 平针10cm×10cm面积内：18针×26行（使用4.5mm环形针）
- 蕾丝花样10cm×10cm面积内：14针×26行（使用4.5mm环形针）

请务必花时间核对密度

注意

1）虽然密度对于披肩来说不是那么严格，但还是建议织一个小样来检查密度用以确保织物尺寸

2）每一行的第1针作为边针，线在织物后，以下针方式滑过不织

3）每12针作为一个花样，放置记号扣。在必要时，放置新的并移除之前放置的记号扣

4）可根据个人喜好，选择阅读文字说明或者依据图表所示编织蕾丝花样

5）环形针在针目太多时用来替换长直针使用，不要用来圈织

编织术语

3针左扭麻花：滑2针到麻花针上并放在织物前面，下针织左棒针上的1针，下针织麻花针上的2针

4针左扭麻花：滑2针到麻花针上并放在织物前面，下针织左棒针上的2针，下针织麻花针上的2针

披肩

起116针

初始建立行（反面）：织1行上针

开始编织蕾丝花样

行1（正面行）：滑1针，1左扭加针，1下针，1下针左上2针并1针，空挂1针，1下针，放置记号扣，*1上针，4针左扭麻花，1上针，3下针，1下针左上2针并1针，空挂1针，1下针，放置记号扣；从*开始重复（12针花样）直至最后3针前，1扭下针左上2针并1针，1下针

行2及所有其后反面行：滑1针，见到下针织下针、见到上针织上针直至最后1针前，最后1针织1下针

行3：滑1针，1左扭加针，1下针，1下针左上2针并1针，空挂1针，2下针，*1上针，4下针，1上针，2下针，1下针左上2针并1针，空挂1针，2下针；从*开始重复（12针花样）直至最后14针前，1上针，4下针，1上针，2下针，1下针左上2针并1针，空挂1针，1下针，1扭下针左上2针并1针，1下针

行5：滑1针，1左扭加针，1下针，1下针左上2针并1针，空挂1针，3下针，*1上针，4针左扭麻花，1上针，1下针，1下针左上2针并1针，空挂1针，3下针；从*开始重复（12针花样）直至最后13针前，1上针，4针左扭麻花，1上针，1下针，1下针左上2针并1针，空挂1针，1下针，1扭下针左上2针并1针，1下针

行7：滑1针，1左扭加针，1上针，1下针左上2针并1针，空挂1针，4下针，*1上针，4下针，1上针，1下针左上2针并1针，空挂1针，4下针；从*开始重复（12针花样）直至最后12针前，1上针，4下针，1上针，1下针左上2针并1针，空挂1针，1下针，1扭下针左上2针并1针，1下针

行9：滑1针，1左扭加针，1下针，1上针，3下针，1下针左上2针并1针，空挂1针，1下针，*1上针，4针左扭麻花，1上针，3下针，1下针左上2针并1针，空挂1针，1下针；从*开始重复（12针花样）直至最后11针前，1上针，4针左扭麻花，1上针，2下针，1扭下针左上2针并1针，1下针

行11：滑1针，1左扭加针，2下针，1上针，2下针，1下针左上2针并1针，空挂1针，2下针，*1上针，4下针，1上针，2下针，1下针左上2针并1针，空挂1针，2下针；从*开始重复（12针花样）直至最后10针前，1上针，4下针，1上针，1下针，1扭下针左上2针并1针，1下针

行13：滑1针，1左扭加针，3针左扭麻花，1上针，1下针，1下针左上2针并1针，空挂1针，3下针，*1上针，4针左扭麻花，1上针，1下针，1下针左上2针并1针，空挂1针，3下针；从*开始重复（12针花样）直至最后9针前，1上针，4针左扭麻花，1上针，1扭下针左上2针并1针，1下针

行15：滑1针，1左扭加针，4下针，1上针，1下针左上2针并1针，

空挂1针，4下针，*1上针，4下针，1上针，1下针左上2针并1针，空挂1针，4下针；从*开始重复（12针花样）直至最后8针前，1上针，4下针，1扭下针左上2针并1针，1下针

行17：滑1针，1左扭加针，1上针，4针左扭麻花，1上针，3下针，1下针左上2针并1针，空挂1针，1下针，*1上针，4针左扭麻花，1上针，3下针，1下针左上2针并1针，空挂1针，1下针，从*开始重复（12针花样）直至最后7针前，1上针，3针左扭麻花，1扭下针左上2针并1针，1下针

行19：滑1针，1左扭加针，1下针，*1上针，4下针，1上针，2下针，1下针左上2针并1针，空挂1针，2下针；从*开始重复（12针花样）直至最后6针前，1上针，2下针，1扭下针左上2针并1针，1下针

行21：滑1针，1左扭加针，2下针，*1上针，4针左扭麻花，1上针，1下针，1下针左上2针并1针，空挂1针，3下针；从*开始重复（12针花样）直至最后5针前，1上针，1下针，1扭下针左上2针并1针，1下针

行23：滑1针，1左扭加针，3下针，*1上针，4下针，1上针，1下针左上2针并1针，空挂1针，4下针；从*开始重复（12针花样）直至最后4针前，1上针，1扭下针左上2针并1针，1下针

行24：重复行2

再重复织13次行1~24，之后重复织1次行1~8

下一行（正面行）：滑1针，1左扭加针，8下针，1上针，4针左扭麻花，*1上针，6下针，1上针，4针左扭麻花；从*开始重复（12针花样）直至最后6针前，1上针，2下针，1扭下针左上2针并1针，1下针

下一行（反面行）：收针，按照如下方式减针：平收6针，1上针左上2针并1针，收掉之前的1针，*平收10针，1上针左上2针并1针，收掉之前的1针；从*开始重复直至结束

收尾

藏线头，定型

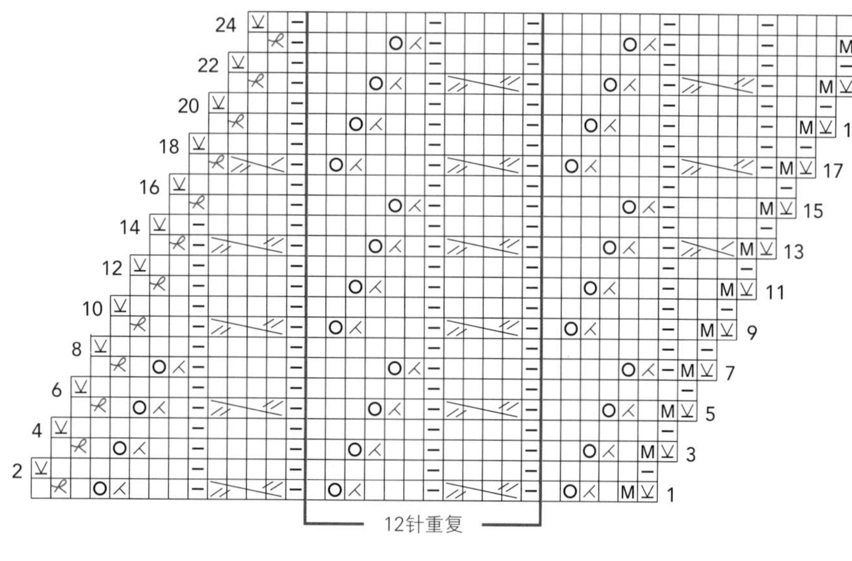

图例解释

- □ 正面织下针，反面织上针
- ⊟ 正面织上针，反面织下针
- 持线在织物后，以上针方式滑1针
- 下针左上2针并1针（k2tog）
- 扭下针左上2针并1针（k2tog tbl）
- O 空挂1针（yo）
- M 1左扭加针（M1）
- 3针左扭麻花（3-st LC）
- 4针左扭麻花（4-st LC）

薰衣草披肩

不管你是否会选用一款带亮丝的纱线，韦・维尔金斯的这一款围裹式披肩都会让你着迷。整条披肩布满了由空加针和减针组成的蕾丝花样，使人不禁想起经典的鸢尾花样；起伏针边包在这条具有延展性的长方形披肩四周。

编织难度

■■■□

尺寸测量

宽：61cm

长：178cm

使用材料和工具

- 119g/绞（约389m）的Anzula Luxury Fibers品牌纱线（成分：超耐洗美利奴羊毛/山羊绒/闪丝），大象灰色，4团 1
- 5号（3.75mm）环形针，60cm长度，或任意能够符合密度的针号
- 记号扣

密度

蕾丝花样10cm×10cm面积内：23针×33行（使用3.75mm环形针）

请务必花时间核对密度

注意

1）环形针在针目太多时用来替换长直针使用，不要用来圈织

2）可根据个人喜好，选择阅读文字说明或者依据图表所示编织蕾丝花样

反向绕线起针

1）在右棒针上打一个活结，留一小段线头；连接线团一端的线头沿左手拇指外侧绕1圈，其余四指固定线头

2）右手持针，针头从拇指根部靠近自己身体一侧的那根线下方向上穿入

3）左手拇指松开线圈，把线拉紧。用这个方法起针直至所需针目

编织术语

下针右上4针并1针（ssssk）： 以下针方式一次性滑过3针，织1针下针，把滑过的3针盖过刚才织过的1针，减了3针

摄影：杰克・德伊弛

蕾丝花样

（19针的倍数+8针）

行1（正面行）：4下针，*1上针，【空挂1针，1下针右上2针并1针】2次，3上针，空挂1针，1中上3针并1针，空挂1针，3上针，【1下针左上2针并1针，空挂1针】2次，1上针；从*开始重复，直至最后4针前，4下针

行2：4下针，*1下针，4上针，9下针，4上针，1下针；从*开始重复，直至最后4针前，4下针

行3：4下针，*1上针，1下针，【空挂1针，1下针右上2针并1针】2次，2上针，3下针，2上针，【下针左上2针并1针，空挂1针】2次，1下针，1上针；从*开始重复，直至最后4针前，4下针

行4：4下针，*1下针，5上针，2下针，3上针，2下针，5上针，1下针；从*开始重复，直至最后4针前，4下针

行5：4下针，*1上针，【空挂1针，1下针右上2针并1针】3次，1上针，空挂1针，1中上3针并1针，空挂1针，1上针，【1下针左上2针并1针，空挂1针】3次，1上针；从*开始重复，直至最后4针前，4下针

行6：4下针，*1下针，6上针，5下针，6上针，1下针；从*开始重复，直至最后4针前，4下针

行7：4下针，*1上针，1下针左上2针并1针，空挂1针，1上针，【空挂1针，1下针右上2针并1针】2次，3下针，【1下针左上2针并1针，空挂1针】2次，1上针，空挂1针，1下针右上2针并1针，1上针；从*开始重复，直至最后4针前，4下针

行8：4下针，*1下针，2上针，2下针，9上针，2下针，2上针，1下针；从*开始重复，直至最后4针前，4下针

行9：4下针，*1上针，空挂1针，1下针右上2针并1针，2上针，【空挂1针，1下针右上2针并1针】2次，1下针，【1下针左上2针并1针，空挂1针】2次，2上针，1下针左上2针并1针，空挂1针，1上针；从*开始重复，直至最后4针前，4下针

行10：4下针，*1下针，2上针，3下针，7上针，3下针，2上针，1下针；从*开始重复，直至最后4针前，4下针

行11：4下针，*1上针，1下针左上2针并1针，空挂1针，3上针，空挂1针，1下针右上2针并1针，空挂1针，1中上3针并1针，空挂1针，1下针左上2针并1针，空挂1针，3上针，空挂1针，1下针右上2针并1针，1上针；从*开始重复，直至最后4针前，4下针

行12：4下针，*1下针，2上针，4下针，5上针，4下针，2上针，1下针；从*开始重复，直至最后4针前，4下针

行13：4下针，*1上针，空挂1针，1下针右上2针并1针，4上针，空挂1针，1下针右上2针并1针，1上针，1下针左上2针并1针，空挂1针，4上针，1下针左上2针并1针，空挂1针，1上针；从*开始重复，直至最后4针前，4下针

行14：4下针，*1下针，2上针，5下针，3上针，5下针，2上针，1下针；从*开始重复，直至最后4针前，4下针

行15：4下针，*1上针，1下针左上2针并1针，空挂1针，5上针，空挂1针，1中上3针并1针，空挂1针，5上针，空挂1针，1下针右上2针并1针，1上针；从*开始重复，直至最后4针前，4下针

行16：重复行14

行17：4下针，*1上针，1扭下针，1上针，1下针左上4针并1针，空挂1针，【1下针，空挂1针】5次，1下针右上4针并1针，1上针，1扭下针，1上针；从*开始重复，直至最后4针前，4下针

行18：4下针，*1下针，1扭上针，1下针，13上针，1下针，1扭上针，1下针；从*开始重复，直至最后4针前，4下针

行19：4下针，*1上针，1扭下针，1上针，13下针，1上针，1扭下针，1上针；从*开始重复，直至最后4针前，4下针

行20：重复行18

行21~24：重复行17~20

行25、26：重复行17、18

重复行1~26的蕾丝花样

披肩

使用反向绕线起针法，起141针，织6行起伏针

开始编织蕾丝花样

重复蕾丝花样行1~26直至从起始位置测量织物长约175cm，以花样行16结束

织5行起伏针，收针

收尾

轻柔定型，藏好线头

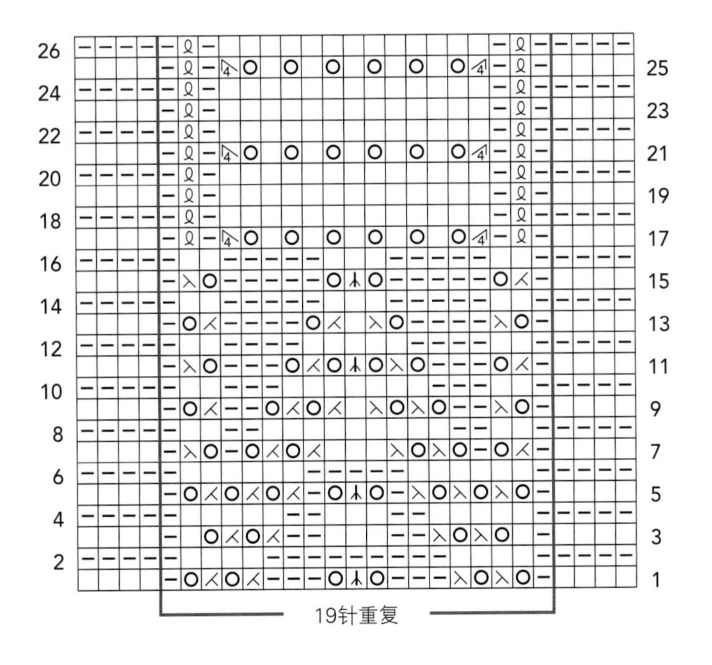

图例解释

- 正面织下针，反面织上针
- 正面织上针，反面织下针
- 正面织扭下针，反面织扭上针
- 空挂1针（yo）
- 下针左上2针并1针（k2tog）
- 下针右上2针并1针（ssk）
- 中上3针并1针（S2KP）
- 下针左上4针并1针（k4tog）
- 下针右上4针并1针（ssssk）

风信子套头衫

艾米·冈德森设计的这件自上而下编织的经典套头衫有着令人愉悦的细节：优雅的蕾丝和小麻花花样形成的育克。柔和的腰部线条、臀部的自然褶皱都为这件套头衫的轮廓加分不少。袖子采用些许钟形设计，也相得益彰。

编织难度

尺码

小码（中码，大码，1X加大码，2X加大码，3X加大码，4X加大码），图中展示的为小码

尺寸测量

胸围：92（99.5，107，115，123，130.5，138.5）cm
长度：62（63.5，64.5，66，67.5，68.5，70）cm
上臂围：31.5（35.5，39.5，43，47，47，47）cm

使用材料和工具

- 50g/团的Rozetti/Universal Yarns品牌Merino Mist纱线（成分：黏胶/羊毛/腈纶），色号#106 蓝紫色，7（7，8，9，10，10，11）团
- 2根6号（4mm）环形针，40cm和60cm各1根，或任意能够符合密度的针号
- 4号（3.5mm）环形针，40cm长度
- 4号（3.5mm）和6号（4mm）各1组双头直针
- 记号扣
- 废线或者大别针
- 麻花针

密度

用大号针（4mm）编织10cm×10cm面积内：21针×28行
请务必花时间核对密度

注意

套头衫自上而下编织，在颈部进行引返

短行包针引返（w&t）

正面行（以下括号里表示反面行的织法）
1）持线在织物后面（反面行：持线在织物前面），以上针方式滑1针
2）把线移到织物前面来（反面行：把线移到织物后面去）
3）不改变针圈方向，把刚才的针目移回左棒针，将织物翻面，这样有1针就被包裹住了
4）当织到被包裹住的这一针时，用右棒针挑起横向这一针包针，把这一针和对应的针上原本的那一个针目一起织1个并针

编织术语

RT（右扭交叉针）：织下针的左上2针并1针但是不要脱落针圈，再把第1针织成1针下针，之后两个针圈一起从左棒针脱落
LT（左扭交叉针）：先把左棒针上的第2个针目织成扭下针，接下来左棒针上的第1个针目正常织下针，之后两个针圈一起从左棒针脱落
1/1/1 RC：滑1针到麻花针上并置于织物后面，右扭交叉针织接下来的2针，下针织麻花针上的1针
1/1/1 LC：滑1针到麻花针上并置于织物前面，右扭交叉针织接下来的2针，下针织麻花针上的1针

套头衫

用4号（3.5mm）环形针起96针，连接形成圈织，注意检查不要使这一圈扭起。放置圈织起始记号扣
下针织3圈
下一圈：*1下针，1上针，1下针；从*开始重复到底
再重复5次刚才织过的1圈

颈部短行引返

注意：每一圈开始位置为后颈部的正中间
短行1（正面行）：按照设定的罗纹模式织23针，w&t
短行2（反面行）：按照设定的罗纹模式织46针，w&t
短行3：按照设定的罗纹模式织到上一次包针前3针，w&t
短行4：按照设定的罗纹模式织到上一次包针前3针，w&t
再重复短行3和4各2次
短行9（正面行）：按照设定的罗纹模式织到起始记号扣的位置
换成4mm粗、40cm长度的环形针，按如下方法恢复整圈编织：
下一圈：按照设定的罗纹模式继续编织，合并包针的针圈
继续编织1圈罗纹

开始编织育克图表

注意：当针目在环形针上过于拥挤的时候，可适时更换为4mm粗、60cm长度的环形针
圈1：按照图表6针作为1组，1圈织16组
按照育克图表继续编织直至圈15结束
圈16：移除圈织起始记号扣，把圈15最后1个针目滑回左棒针，圈16按照图表编织到最后1针前，把最后1针滑回右棒针，重新放置一枚圈织起始记号扣
继续按照育克图表编织直至圈55结束（288针）

摄影：杰克·德伊弛

注意：加针的位置在花样中轴的两侧出现。对于除了小码之外的其他所有尺码，在图表中每次重复的花样里第8针的两侧放置记号扣，在接下来的这些圈你需要变换这些记号扣的位置

下一圈：31下针，放置记号扣，按照麻花图表圈1编织5针，放置记号扣，【31下针，放置记号扣，按照麻花图表圈1编织5针，放置记号扣】2次，67下针，放置记号扣，按照麻花图表圈1编织5针，放置记号扣，【31下针，放置记号扣，按照麻花图表圈1编织5针，放置记号扣】2次，36下针

下一圈：按麻花图表设定编织5针，其余针目织下针

仅针对小码

重复最后一圈的编织方法直至从育克图表圈1的位置开始测量达到20.5cm

仅针对中码、大码、1X加大码和2X加大码

加针圈：【织到记号扣位置，右加1针，滑过记号扣，1下针，滑过记号扣，1左扭加针】16次，织到最后（加了32针）

继续按照设定模式编织，每3圈重复加针圈，再重复0（1，2，3）次【320（352，384，416）针】

接下来以同样模式不加不减继续织，直至从育克图表圈1的位置开始测量达到21.5（23，24，25.5）cm

仅针对3X加大码和4X加大码

加针圈：【织到记号扣位置，右加1针，滑过记号扣，1下针，滑过记号扣，1左扭加针】16次，织到最后（加了32针）

继续按照设定模式编织，每3圈重复加针圈，再重复3次（416针）

仅衣身加针圈：*【织到记号扣位置，右加1针，滑过记号扣，1下针，滑过记号扣，1左扭加针】2次，【织到记号扣位置，滑过记号扣，1下针，滑过记号扣】4次，【织到记号扣位置，右加1针，滑过记号扣，1下针，滑过记号扣，1左扭加针】2次；从*开始整体再重复1次，织到最后（加了16针）

继续按照设定模式编织，每3圈重复仅衣身加针圈，再重复0（1）次【432（448）针】

接下来以同样模式不加不减继续织，直至从育克图表圈1的位置开始测量达到26.5（28）cm

分离衣身和袖子

注意：仅在下一圈移除记号扣

下一圈：按照设定模式编织41（45，49，53，57，61，65）针，把接下来的57（65，73，81，89，89，89）针转移到废线或者大别针上作为袖子的留针，卷加8针，按照设定模式编织87（95，103，111，119，127，135）针作为衣服的前片，把接下来的57（65，73，81，89，89，89）针转移到废线或者大别针上作为袖子的留针，卷加8针，按照设定模式编织剩余的46（50，54，58，62，66，70）针【衣身190（206，222，238，254，270，286）针】

接下来以同样模式不加不减继续织，按既定的麻花图表编织，其余针目织下针，织5cm长度

腰部塑形

加针圈：*下针织到记号扣，滑过记号扣，按麻花图表织5针，滑过记号扣，1下针，1左扭加针，下针织到下一个记号扣前1针，右加1针，1下针，滑过记号扣，按麻花图表织5针，滑过记号扣；从*开始整体再重复1次，下针织到最后（加了4针）

每12圈重复加针圈，再重复6次【218（234，250，266，282，298，314）针】

接下来以同样模式不加不减继续织，直至织物从腋下开始测量达到38.5cm，以麻花图表的行2结束

下一圈：*1下针，1上针；从*重复至圈尾

重复上一圈单罗纹针直至长度3cm

下针织2圈

收针

袖子

把57（65，73，81，89，89，89）针转移到4mm的双头直针上，从腋下中心位置开始，挑起4针，按既定模式编织接下来的57（65，73，81，89，89，89）针，挑起4针【65（73，81，89，97，97，97）针】。放置起始记号扣

接下来以同样模式不加不减继续织，按既定的麻花图表编织，其余针目织下针，直至袖子测量达到33cm

换成3.5mm双头直针

仅针对小码、中码及大码

减针圈：【1下针左上2针并1针，1上针左上2针并1针】7（8，9）次，1下针左上2针并1针，【1上针，1下针】2次，1上针，【1下针左上2针并1针，1上针左上2针并1针】7（8，9）次，1上针，1下针【36（40，44）针】

仅针对1X加大码、2X加大码、3X加大码、4X加大码

减针圈：2下针，*1下针左上2针并1针，从*开始重复至最后1针前，1下针【46（50，50，50）针】

按照1下针、1上针的单罗纹针模式织12.5cm，织2圈下针，收针

收尾

藏好线头，按尺寸定型

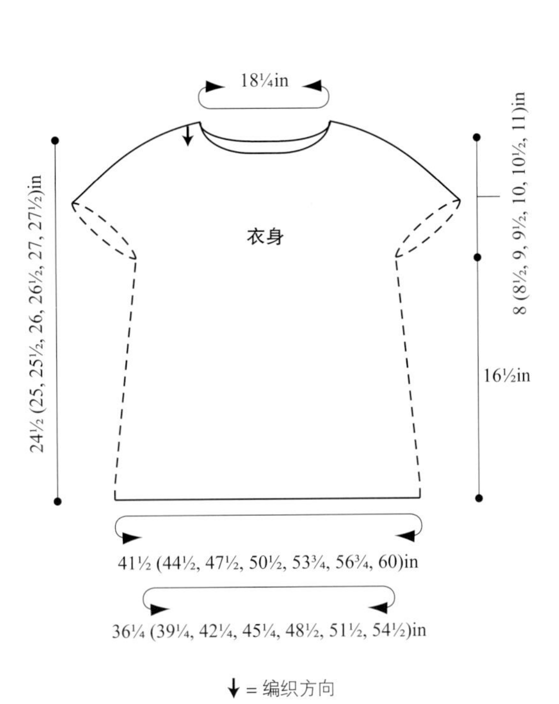

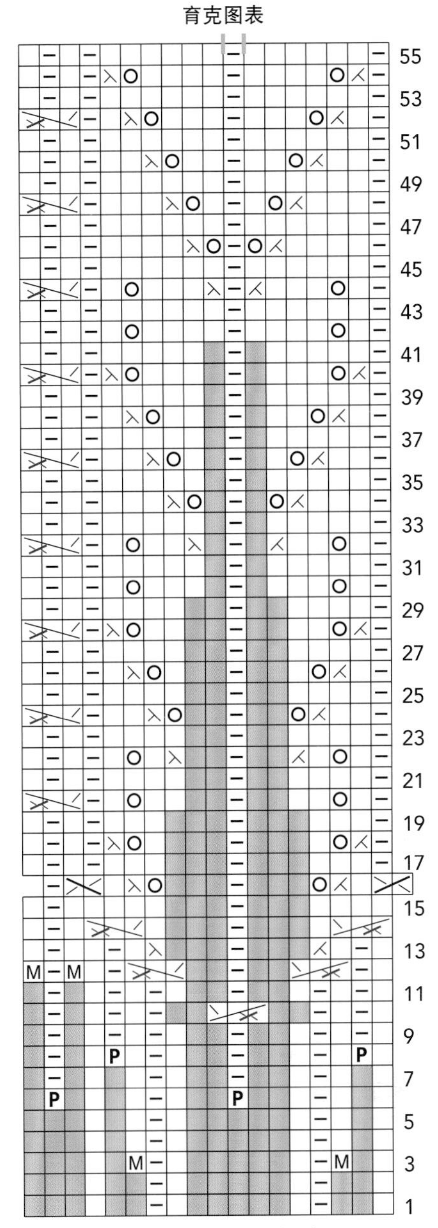

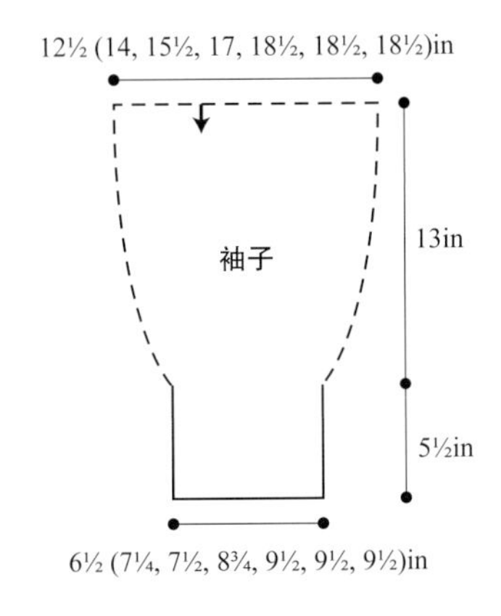

注意：为保证各部分尺寸准确，本书的尺寸图中保留了单位英寸（符号in，1in=2.54cm），特此说明

图例解释

- □ 下针（k）
- ⊟ 上针（p）
- M 1左扭加针（下针）（M1 k-st）
- P 1左扭加针（上针）（M1 p-st）
- ■ 没有针目
- 下针左上2针并1针（k2tog）
- 下针右上2针并1针（ssk）
- O 空挂1针（yo）
- 右扭交叉针（RT）
- 左扭交叉针（LT）
- 1/1/1 RC
- 1/1/1 LC
- | 放置记号扣的位置

麻花图表

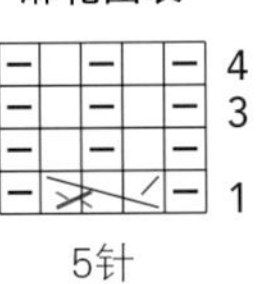

钟形袖套头衫

劳拉·祖卡艾特这件造型独特的套头衫拥有钟形袖和柔和的挖领设计。遍布全身、极具秋季风格的花样在每一个细微之处都很得体，衣身下摆、袖边和领边的罗纹全都编织成精致的扭罗纹。

编织难度

■■■□

尺码

小码（中码/大码，1X加大码/2X加大码，3X加大码），图中展示的为小码

尺寸测量

胸围： 91.5（117，139.5，161）cm
长度： 59.5（62，64.5，67.5）cm
上臂围： 35.5（35.5，41，41）cm

使用材料和工具

- 100g/绞（约200m）的Ancient Arts Fibre Crafts Lascaux Worsted纱线（成分：智利羊毛/英国马恩岛羊毛），肉粉色，5（6，7，8）绞 4
- 8号（5mm）环形针，80cm长度，或任意能够符合密度的针号
- 7号（4.5mm）环形针，60cm长度
- 记号扣
- 废线或者大别针

密度

- 10cm×10cm面积内：18针×22行（使用5mm环形针）
- 蕾丝花样10cm×10cm面积内：18针×26行（使用4.5mm环形针）

请务必花时间核对密度

注意

1）每一行第1针滑过不织，最后1针织成下针
2）编织蕾丝花样的时候，每出现1针空挂针就要与之相对应编织1针减针，反之亦然
3）环形针在针目太多时用来替换长直针使用，不要用来圈织

编织术语

下针中上5针并1针（S3K2P）： 一次性滑过3针，1下针左上2针并1针，然后将滑过的3针盖过右棒针上刚刚织出的1针（减了4针）

后片

使用5mm环形针，起83（103，123，143）针
行1（反面行）： 滑1针，*1下针，1扭上针；从*开始重复直至最后2针前，2下针
行2（正面行）： 滑1针，*1上针，1扭下针；从*开始重复直至最后2针前，1上针，1下针
重复刚才的2行，编织扭罗纹2.5cm，以反面行结束

开始编织图表

行1（正面行）： 滑1针，按照图表框出来的20针为1组，重复4（5，6，7）次。编织图表中的最后1针，1下针
行2： 滑1针，按照图表模式编织到最后1针前，1下针
继续按照图表编织，直至织物从起针处测量达到40.5cm，以反面行结束

袖窿塑形

下一行（正面行）： 收3（6，8，10）针，织到最后
下一行： 收3（6，8，10）针，织到最后2针前，1下针左上2针并1针
接下来的0（2，2，2）行： 收0（4，5，7）针，织到最后2针前，1下针左上2针并1针
接下来的2（2，4，8）行： 收2针，织到最后2针前，1下针左上2针并1针
接下来的2（2，2，0）行： 收1针，织到最后2针前，1下针左上2针并1针
下一行： 织到最后2针前，1下针左上2针并1针【65（69，77，81）针】
接下来不加不减继续编织，直至袖窿测量达到19（21.5，24，26.5）cm，以反面行结束
下一行（反面行）： 按照花样织17（18，20，21）针，把这些针目作为肩膀针目在废线或者大别针上留针，收掉中间的31（33，37，39）针，按照花样织剩下的17（18，20，21）针，把这些针目作为肩膀针目在废线或者大别针上留针

前片

按照与后片相同的方法编织直至袖窿塑形位置，之后不加不减编织直至袖窿测量达到7（9.5，12，14.5）cm，以反面行结束【65（69，77，81）针】

颈部塑形

下一行（正面行）： 按照既定花样织27（28，30，31）针，收掉中间的11（13，17，19）针，按照花样编织到最后
下一行： 按照花样编织到第1片的最后2针前，按照花样将2针并为1针；在第2片开始的位置收1针，织到结束【每一片减了1针】

摄影：杰克·德伊弛

同时织2片，再重复9次刚才那一行【每一片剩余17（18，20，21）针】
不加不减编织直至袖窿测量达到19（21.5，24，26.5）cm，以反面行结束，把前后2片针目分别转移到废线或者大别针上

袖子

使用5.0mm环形针，起43针，织2.5cm扭罗纹，以正面行结束
加针行（反面行）：滑1针，1下针，*在同一针里以下针方式织前面针圈，不脱落针目再以下针方式织后面针圈，在同一针里以上针方式织前面针圈，不脱落针目再以上针方式织后面针圈；从*开始重复，直至最后1针前，1下针（83针）

开始编织图表

行1（正面行）：滑1针，重复图表中20针1组的循环4次，编织图表中的最后1针，1下针
行2：滑1针，按图表模式织到最后1针前，1下针
继续按图表模式编织直至完成行30
减针行（正面行）：滑1针，1上针左上2针并1针，按图表第1行编织直至最后3针前，1上针左上2针并1针，1下针（减了2针）
每隔1（1，4，4）行重复减针行，再重复减针9（9，4，4）次【63（63，73，73）针】
继续按照图表编织，直至织物从起始位置测量达到40.5（42，43，45.5）cm，以反面行结束

袖山塑形

下一行（正面行）：收3（6，8，10）针，织到最后
下一行：收3（6，8，10）针，织到最后2针前，1下针左上2针并1针
接下来的2行：收2（4，5，7）针，织到最后2针前，1下针左上2针并1针
接下来的2行：收1针，织到最后2针前，1下针左上2针并1针
下一行：织到最后2针前，1下针左上2针并1针【45（35，39，31）针】
按照模式继续编织7（13，13，23）行，以反面行结束
减针行（正面行）：收1针，织到最后2针前，1下针左上2针并1针（减了2针）
每隔4（4，4，6）行重复减针行，再重复减针2（7，8，5）次，之后每隔1行减针10（10，11，10）次（19针）
织1行反面行，收针

收尾

给所有织片按尺寸定型。用三根针缝合法缝合肩缝，上袖子，缝合袖缝和侧缝

领口

以正面行对着自己，用小号针，从左肩缝开始，沿领边均匀挑90（94，102，106）针，连接成圈织并放置起始记号扣
圈1：*1扭下针，1上针；从*开始重复至圈尾
重复刚才的那一圈编织扭罗纹4cm，平收针，藏好线头

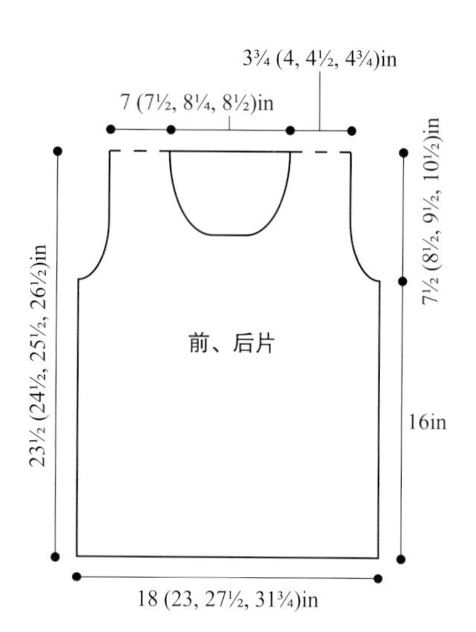

图例解释

- □ 正面下针，反面上针
- ⊟ 正面上针，反面下针
- ◯ 空挂1针（yo）
- ℓ 扭下针（k1 tbl）
- ■ 没有针目
- 下针左上2针并1针（k2tog）
- 下针右上2针并1针（ssk）
- 中上3针并1针（S2KP）
- 下针右上3针并1针（sssk）
- 下针左上3针并1针（k3tog）
- 下针中上5针并1针（S3K2P）

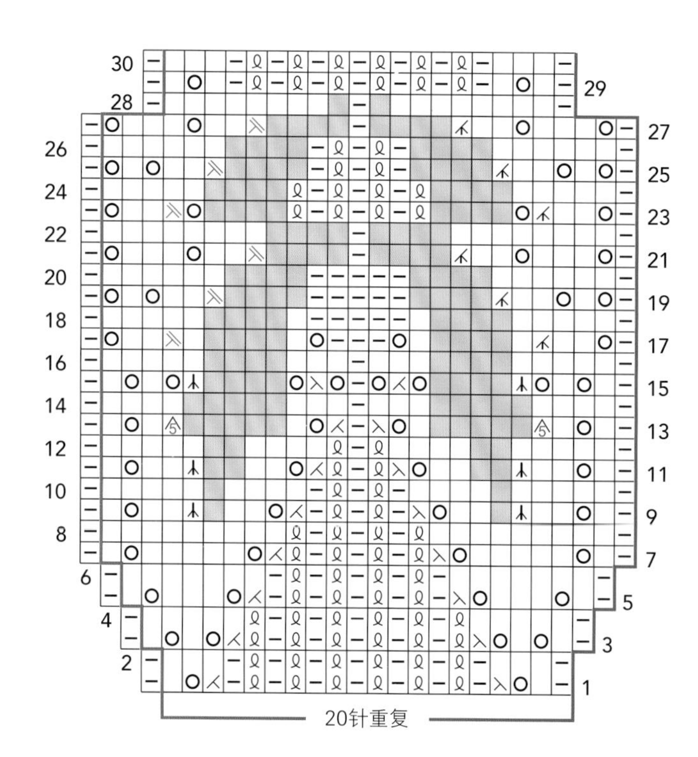

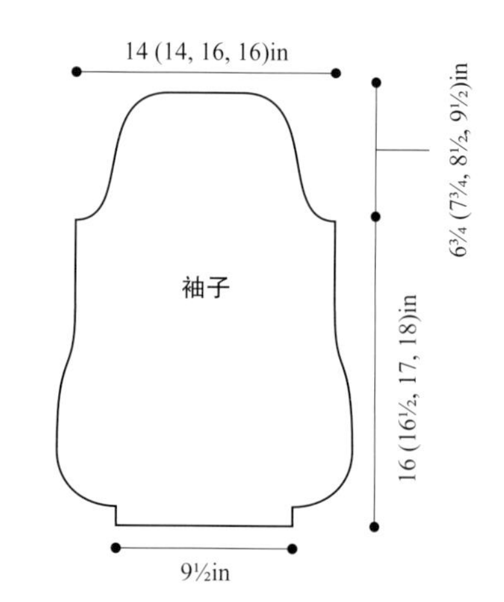

钻石花样披肩

无论你是盛装还是便装，艾米·冈德森的这条多用途披肩都能让你看上去既时髦又精致。这条披肩轻薄如蝉翼，在一列列钻石花样旁边排列着一条条窄窄的折线形蕾丝。将它围裹在肩膀上展示奢华的针法，也可以将它对折披上，风格随意慵懒。

编织难度

■■■□

尺寸测量

宽：56cm

长：162.5cm

使用材料和工具

• 50g/绞（约400m）的Fibra Natura/Universal Yarns Whisper Lace纱线（成分：超耐洗羊毛/真丝），色号#104 灰色，2绞(1)

• 1对4号（3.5mm）棒针，或任意能够符合密度的针号

• 记号扣

• 定型钢丝

• 大头针

密度

蕾丝花样10cm×10cm面积内：21针×24行（使用3.5mm棒针）

请务必花时间核对密度

注意

每行第1针作为边针，持线在织物前面，以上针方式滑过不织

披肩

起120针

行1（正面行）：滑1针，下针织到最后

再重复行1的方法7行，编织起伏针

下一行（反面行）：滑1针，4下针，放置记号扣，37上针，放置记号扣，73上针，放置记号扣，5上针

摄影：杰克·德伊弛

开始编织底边蕾丝花样

行1（正面行）：滑1针，下针织到记号扣，滑过记号扣，【1下针左上2针并1针，空挂1针】3次，*1下针，【空挂1针，1下针右上2针并1针】2次，空挂1针，1右上3针并1针，空挂1针，【1下针左上2针并1针，空挂1针】2次*，再重复4次*之间的内容，1下针，【空挂1针，1下针右上2针并1针】3次，滑过记号扣，再重复3次*之间的内容，1下针，滑过记号扣，下针织到最后

行2（反面行）：滑1针，下针织到记号扣，滑过记号扣，上针织到记号扣，滑过记号扣，5下针

再重复行1和行2各1次，编织底边蕾丝花样

开始编织图表

行1（正面行）：滑1针，下针织到记号扣；按照图表1的行1编织到记号扣：织图表1的前6针，织5次图表1中的12针重复花样，织图表1的最后7针；滑过记号扣，按照图表2的行1编织到记号扣：织3次图表2中的12针重复花样，织图表2中的最后1针；下针织到底

按照这个模式继续编织，直至把20行的图表织完20次

开始编织上边缘蕾丝花样

用和底边蕾丝花样一样的编织方法织4行

织8行起伏针，收掉所有针目

收尾

藏好线头，用定型钢丝沿织物每一条边缘穿过，拉伸定型钢丝，用大头针固定使蕾丝花样舒展，湿定型或者蒸汽定型

图表 1

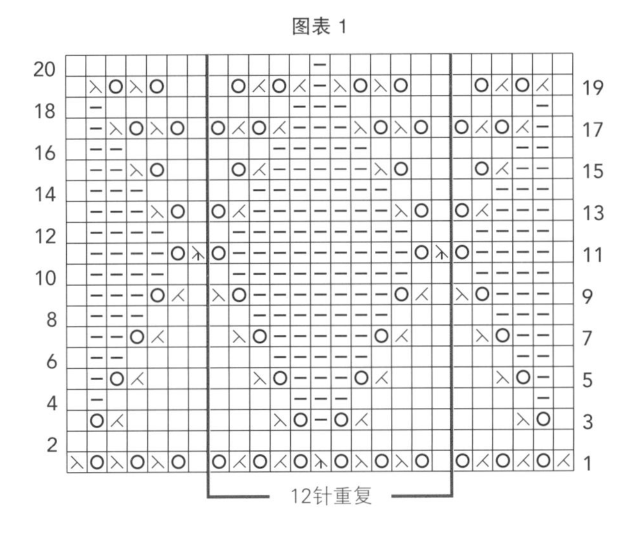

图表 2

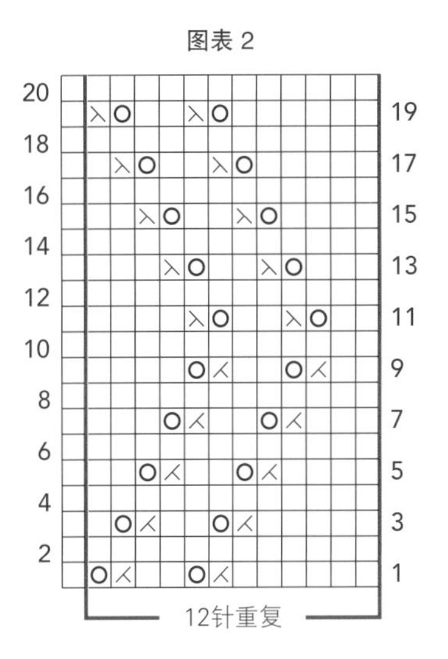

图例解释

- □ 正面下针，反面上针
- ⊟ 正面上针，反面下针
- 下针左上2针并1针（k2tog）
- 下针右上2针并1针（ssk）
- 右上3针并1针（SK2P）
- 空挂1针（yo）

冬湖披肩

如果你正在物色一件能给人留下深刻印象的单品，卡罗琳·佐默费尔德这条精巧结合了多种花样的披肩可能正合你意。受到冬季草原湖畔日出景象的启发，滑针罗纹、波浪纹样、锯齿状滑针和滑针淡出的组合，就如同在画布上铺陈的画作一般。

编织难度

尺寸测量
约52cm × 195.5cm

使用材料和工具
- 100g/绞（约240m）的Ancient Arts Fibre Crafts Nettle Soft DK纱线（成分：美利奴羊毛/荨麻），深粉紫色段染（图解中简称A）、浅粉紫色段染（B）、灰粉色段染（C）和灰紫色段染（D）各1绞(3)
- 7号（4.5mm）环形针，60cm长度，或任意能够符合密度的针号
- 记号扣

密度
- 平针10cm × 10cm面积内：17针 × 23行（使用4.5mm环形针）
- 蕾丝花样10cm × 10cm面积内：18针 × 20行（使用4.5mm环形针）

请务必花时间核对密度

注意
环形针在针目太多时用来替换长直针使用，不要用来圈织

摄影：杰克·德伊弛

披肩
使用A线，采用如下i-cord起针法起针：起3针，*滑3针回左棒针，在同一针里以下针方式织前面针圈，不脱落针目再以下针方式织后面针圈，2下针。从*开始重复直至起95针

开始编织波浪纹图表
行1（正面行）：开始编织直至图表内标记的重复线位置，织8次11针1组的重复花样，编织直至最后
按照这个模式继续编织直至行1~28都织完3次

开始编织滑针罗纹花样
建立行1（正面行）：持线在织物后以上针方式滑1针，持线在织物前以上针方式滑1针，下针织到最后3针前，1下针，持线在织物前以上针方式滑1针，1上针
建立行2：持线在织物后以上针方式滑1针，1下针，持线在织物前以上针方式滑1针，上针织到最后3针前，持线在织物前以上针方式滑1针，1下针，1上针
行1（正面行）：持线在织物后以上针方式滑1针，持线在织物前以上针方式滑1针，下针织到最后3针前，1下针，持线在织物前以上针方式滑1针，1上针
行2（反面行）：持线在织物后以上针方式滑1针，1下针，持线在织物前以上针方式滑1针，*1下针，1上针；从*开始重复直至最后4针前，1下针，持线在织物前以上针方式滑1针，1上针，1下针
行3：持线在织物后以上针方式滑1针，持线在织物前以上针方式滑1针，1下针，*持线在织物后以上针方式滑1针，1下针；从*开始重复直至最后4针前，持线在织物后以上针方式滑1针，1下针，持线在织物前以上针方式滑1针，1上针
行4：重复行2
使用A线，重复行1和行2
使用B线，重复行3和行4
再重复刚才的4行2次
使用B线，重复行1~4

开始编织波浪纹图表
使用B线，重复编织3次波浪纹图表的行1~28

开始编织锯齿状滑针图表
行1（正面行）：使用B线，编织至图表内标记的重复线位置，编织4针1组的重复花样22次，继续编织到底
继续按照这个模式编织，中途按照图表标记更换为C线，直至图表的行1~8已经织完4次

开始编织波浪纹图表
使用C线编织，直至波浪纹图表的行1~28织完3次

开始编织滑针图表
行1（正面行）：使用C线，编织直至标记的重复线位置，编织2针1

组的重复花样44次，继续编织到底

继续按照图表模式编织，中途按照图表标记更换为D线，直至图表的行1~10已经织完3次，之后再编织行1和行2各1次

开始编织波浪纹图表

使用D线，编织3次波浪纹图表的行1~28，之后再织4次行1~4

使用D线，按如下i-cord收针法收针：*2下针，2扭下针2针并1针，滑3针回左棒针。从*开始重复直至收完所有针目

收尾

藏好线头，按尺寸定型

波浪纹图表

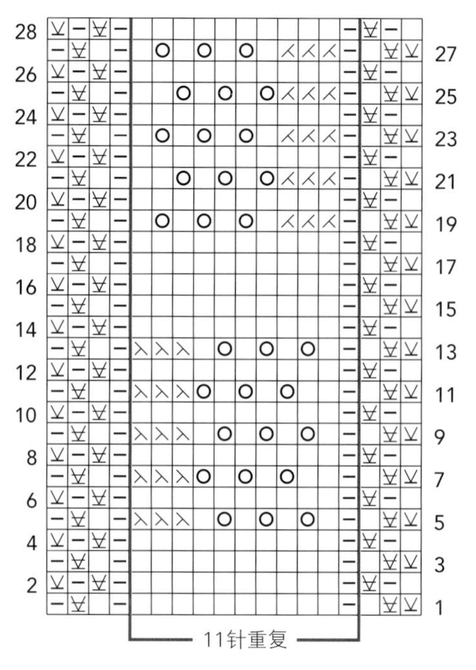

滑针图表

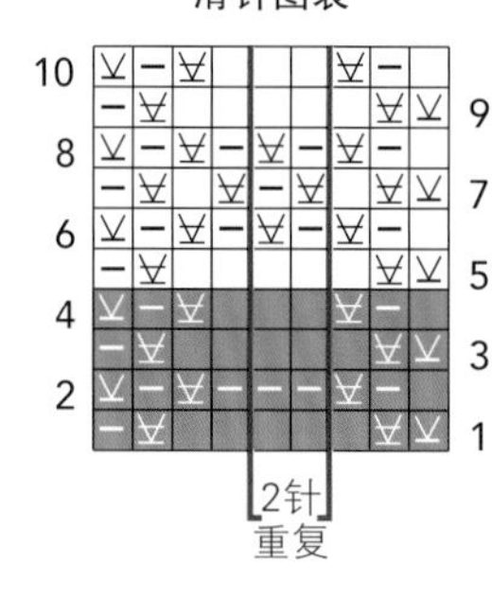

锯齿状滑针图表

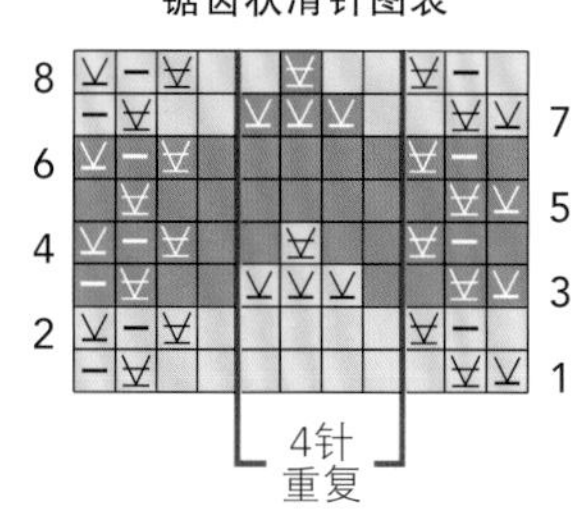

图例解释

- □ 正面下针，反面上针
- ⊟ 正面上针，反面下针
- 下针左上2针并1针（k2tog）
- 下针右上2针并1针（ssk）
- 空挂1针（yo）
- 持线在织物前，以上针方式滑1针
- 持线在织物后，以上针方式滑1针
- A
- B
- C
- D

蕾丝茧形开衫

乔安・麦高恩–迈克尔的这件看上去一体成型的、给人留有深刻印象的蕾丝钟形袖茧形开衫实际上是由3个织片组成的。2个身片由森林花样编织而成，边缘辅以罗纹，织片在颈部进行连接。底边是挑起身片的1条边向下编织网格罗纹，最后以普通罗纹收尾。

编织难度

■■■□

尺码

小码（中码/大码，加大码/1X加大码），图中所示为中码/大码

尺寸测量

从后背中心点测量衣长：84cm

从后背中心点测量到袖口：68.5（73.5，78.5）cm

使用材料和工具

- 50g/团的Stacy Charles Fine Yarns/Tahki・Stacy Charles Patti纱线（成分：棉），色号#02 粉晶色，12（13，14）团(4)
- 9号（5.5mm）棒针，或任意能够符合密度的针号
- 开口记号扣

密度

按图表编织，定型后10cm×10cm面积内：17针×22行（使用5.5mm棒针）

请务必花时间核对密度

开衫

右前片

从袖边开始，起120针

行1（正面行）：*1下针，1上针；从*开始重复织到底

重复这一行的1下针、1上针单罗纹针模式直至罗纹长度4cm

开始编织图表

行1（正面行）：【1下针，1上针】8次（16针罗纹组合），放置记号扣，织图表的第1针，织34针重复循环3次，织图表的最后1针

行2（反面行）：织104针图表行2，放置记号扣，罗纹针16针

摄影：杰克・德伊弛

按照图表和罗纹组合花样继续编织，直至图表一共编织了132（144，156）行，以图表的第12（24，12）行结束。织片长度从起始位置测量大约65（70，75）cm，收针

左前片

按与右前片同样的方法起针并编织罗纹边

开始编织图表

行1（正面行）：织图表的第1针，织图表的34针重复循环3次，织图表的最后1针，放置记号扣，【1上针，1下针】8次（16针罗纹组合）

行2：罗纹针16针，织104针图表行2

按照图表和罗纹组合花样继续编织，直至行数和右前片一致，收针

收尾

沿后背中心缝合两个织片

底边

在缝合好的两个织片外侧底边23cm处，分别放置1枚开口记号扣。织物正面对着自己，挑起两个记号扣之间的137（152，167）针

行1（反面行）：织1行上针

行2（正面行）：3下针，*1下针左上2针并1针，空挂1针，1下针；从*开始重复到最后2针前，2下针

行3：织1行上针

行4：3下针，*空挂1针，1下针，1下针左上2针并1针；从*开始重复到最后2针前，2下针

重复行1~4直至底边测量达到19cm

之后，再编织1下针、1上针的单罗纹针4cm。收针

袖边

从底边罗纹向上7cm位置用记号扣做标记，同时在左右前片边缘对应处也留出7cm位置用记号扣做好标记

织物正面对着自己，在这些新标记的记号扣之间挑52针

按1下针、1上针的单罗纹针织4cm，按罗纹针型收针

缝合袖边以及预留好的那些需要缝合的7cm位置，使得这件衣服的边缘闭合

藏好线头，按尺寸轻柔定型

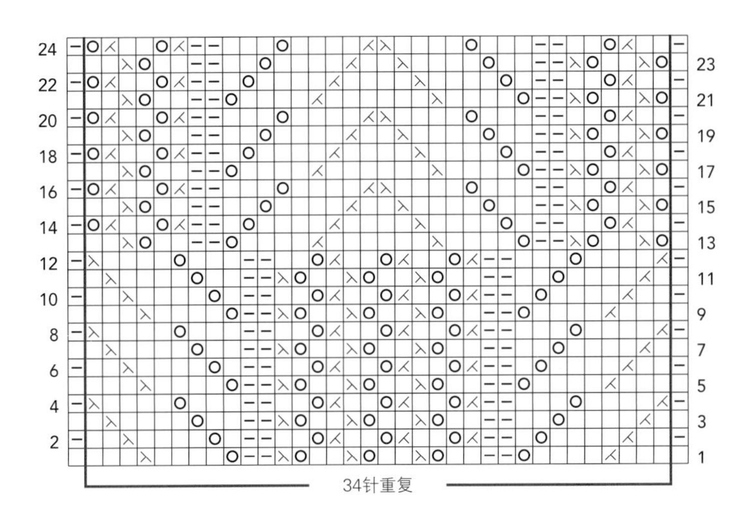

图例解释

- □ 正面下针，反面上针
- ⊟ 正面上针，反面下针
- ⊠ 正面下针左上2针并1针，反面上针左上2针并1针
- ⊠ 正面下针右上2针并1针，反面上针扭针右上2针并1针
- ⊙ 空挂1针（yo）

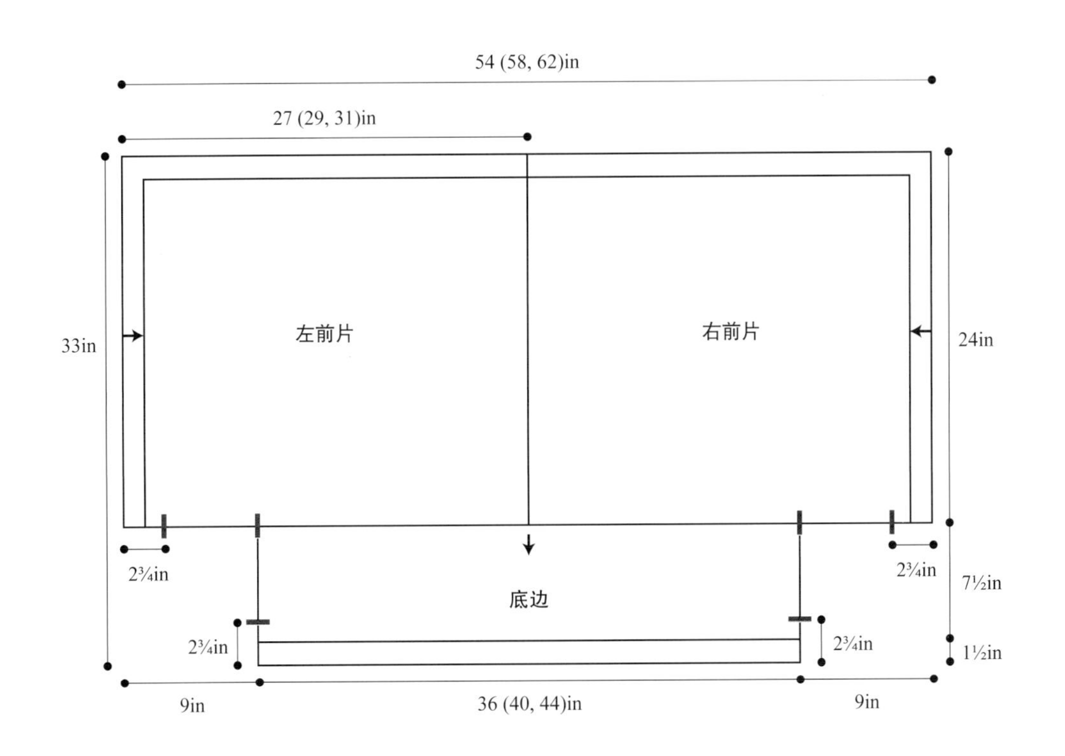

← = 编织方向

▬ = 记号扣

包裹式V领套头衫

乔安·福尔焦内的这件宽松V领套头衫用抓人眼球的4针蕾丝花样组合而成的凹凸纹理从衣身后片包裹至前片。用临时起针法起针，这件衣服主体自上而下圈织而成，袖子单独编织，最后与主体进行缝合。

编织难度

■■■□

尺码

小码（中码，大码，加大码），图中展示的为小码

尺寸测量

胸围：99（106.5，119，129.5）cm
长度：49.5（52，54.5，57）cm
上臂围：29（31，34，37）cm

使用材料和工具

- 50g/团的Rowan Cotton Cashmere纱线（成分：棉/山羊绒），色号#211 亚麻色，8（9，11，12）团(4)
- 5号（3.75mm）和7号（4.5mm）环形针各1根，各80cm长度，或任意能够符合密度的针号
- 1根5号（3.75mm）环形针，40cm长度
- 1根7号（4.5mm）棒针
- 5号（3.75mm）和7号（4.5mm）双头直针各1组（5根）
- 1根7号（4.5mm）钩针
- 大别针
- 记号扣
- 用以临时起针的另线

密度

- 平针10cm×10cm面积内：19针×29行（用大号棒针）
- 蕾丝花样10cm×10cm面积内：17针×28行（用大号棒针）

请务必花时间核对密度

临时起针法

用另线和钩针，钩1条锁针，注意要比起针所需针目略多几针。断线，将线尾穿入最后一个锁针里。用编织线和棒针，从锁针里山——对应挑起所需起针针目，当图解中说明要移除临时起针的另线辫子时，把锁针的线尾从最后一个锁针针目里抽出，轻轻地、慢慢地拉开钩针针目，把上面松开的针圈一个个转移到棒针上

编织术语

M1R（下针右加针）：用左棒针从后向前挑起刚刚织过的1针和左棒针上第1针之间的渡线，织下针（加了1针）
M1L（下针左加针）：用左棒针从前向后挑起刚刚织过的1针和左棒针上第1针之间的渡线，织扭下针（加了1针）

蕾丝花样针法

（片织时4针为1组+1针）
行1（正面行）：*1上针，3下针；从*开始重复至最后1针前，1上针
行2：*1上针，3下针；从*开始重复至最后1针前，1下针
行3：*1上针，空挂1针，1右上3针并1针，空挂1针；从*开始重复至最后1针前，1上针
行4：*1上针，3下针；从*开始重复至最后1针前，1下针
片织时重复循环行1~4

蕾丝花样针法

（圈织时4针为1组）
圈1和圈2：*1上针，3下针；从*开始重复至圈尾
圈3：*1上针，空挂1针，1右上3针并1针，空挂1针；从*开始重复至圈尾
圈4：*1上针，3下针；从*开始重复至圈尾
圈织时重复循环圈1~4

注意

这件套头衫从肩膀自上而下编织直至下边缘，开始时是往返片织，到袖窿完成之前都是分开片织，之后合并圈织衣身的下半部分。袖子从袖口开始用双头直针进行圈织，直到织好上臂部分，在袖窿位置和衣身进行缝合

前片

左肩

用钩针和另线，按照临时起针法，起31（35，39，43）针，然后用大号棒针和编织线，织6行平针（正面下针，反面上针）
颈部加针行（正面行）：2下针，1下针右加针，下针织到底
每隔1行重复颈部加针行，再重复15（15，17，17）次【47（51，57，61）针】
织1行上针，把针目转移到大别针上

右肩

用钩针和另线，按照临时起针法，起31（35，39，43）针，然后用

摄影：杰克·德伊弛

大号棒针和编织线，织6行平针（正面下针，反面上针）

颈部加针行（正面行）：下针织到最后2针前，1下针左加针，2下针

每隔1行重复颈部加针行，再重复15（15，17，17）次【47（51，57，61）针】

织1行上针

连接肩膀

下一行（正面行）：织右肩的47（51，57，61）针，拿过左肩织片，继续用同一根线织左肩的1针，1下针左加针，下针织到左肩结束【95（103，115，123）针】

继续不加不减按平针编织直至袖窿测量长度达到15（16.5，18，19）cm，暂时休针但是不要断线，稍后会和后片一起编织

后片

小心取下临时起针另线上的31（35，39，43）个右肩针目，转移到大号棒针上，第1行正面行按如下方法编织：1上针，3下针，1上针左上2针并1针，*3下针，1上针；从*开始重复到最后9针前，3下针，1上针左上2针并1针，3下针，1上针【29（33，37，41）针】

然后开始织行2，按照蕾丝花样设定再编织7行，休针留针目

按照同样方法编织左肩

在颈部连接边缘

下一行（正面行）：织左肩针目，起27（27，31，31）针，织右肩针目【85（93，105，113）针】

继续不加不减按平针编织直至袖窿测量长度达到15（16.5，18，19）cm

衣身

下一行：按照设定的蕾丝花样编织后背针目，放置记号扣，下针织前片针目，放置圈织起始记号扣，使织物形成圈织【180（196，220，236）针】

接下来2圈：按照设定的蕾丝花样织到记号扣位置，滑过记号扣，下针织到圈尾

注意：这时，蕾丝部分的针目在不断增加，平针部分的针目在不断减少，圈织总针目数保持不变

注意：编织蕾丝花样时，当针目数足够的时候，就按照“空挂1针，1右上3针并1针，空挂1针”的方法编织；如果不够的时候，就编织下针，或者“空挂1针，1右上2针并1针”（或者在这个花样中编织“1右上2针并1针，空挂1针”），直到再次出现足够编织重复花样的针数

位移圈：1下针右加针，按照设定的蕾丝花样织到记号扣位置，1下针左加针，滑过记号扣，2下针，1下针右上2针并1针，下针织到最后一个记号扣前4针，1下针左上2针并1针，2下针

每3圈重复1次位移圈，把加出来的针目合并到蕾丝花样里，再重复29（31，33，35）次，以蕾丝花样的第4圈结束

这时，应该有35（39，47，51）针平针，145（157，173，185）针蕾丝花样针目，织物从前片或者后片的肩膀处向下测量长度大约47（49.5，52，54.5）cm

换小号棒针

下一圈：*1上针，在下一针目里编织（1下针，1上针，1下针），然后织【1上针，1下针】5次；从*开始重复直至记号扣13（13，17，17）针前，之后织【1上针，1下针】0（0，2，2）次，1上针，在下一针目里编织（1下针，1上针，1下针），然后织【1上针，1下针】4次，1上针，在下一针目里编织（1下针，1上针，1下针），1上针，滑过记号扣，**1下针，1上针；从**开始重复直至最后1针前，1下针【206（224，250，268）针】

继续按照1下针、1上针的单罗纹针织2.5cm

按罗纹针型收针

袖子

用小号双头直针从袖边位置开始编织，起46（50，54，58）针
把针目平均分在4根直针上，并且连接首尾成圈织
按照1下针、1上针的单罗纹针织2.5cm
换成大号双头直针
平针织2圈（每圈都织下针）
加针圈：2下针，1下针左加针，下针织到最后2针前，1下针右加针，2下针（加了2针）
每27行重复加针圈，再重复3（3，4，4）次【54（58，64，68）针】
不加不减继续编织直至织物从起始位置测量长度达到40.5（42，43，43）cm，收针

收尾

缝合袖子和袖窿

领边

织物正面对着自己，用小号稍短的环形针，沿后领边缘位置挑起40（40，44，44）针，沿V领左侧挑起30（30，34，34）针，放置记号扣，织V领正中间的1针，沿V领右侧挑起30（30，34，34）针，收尾连接形成圈织，并放置圈织起始记号扣
圈1：*1上针，1下针；从*开始重复直至V领中间记号扣前1针，放置新的记号扣，1右上3针并1针，移除之前放置的记号扣，然后**1下针，1上针；从**开始重复直至圈尾
圈2：不加不减织罗纹针
圈3~6：再重复2次圈1、2
按罗纹针型收针

藏好线头，轻柔定型完工的织物到理想尺寸

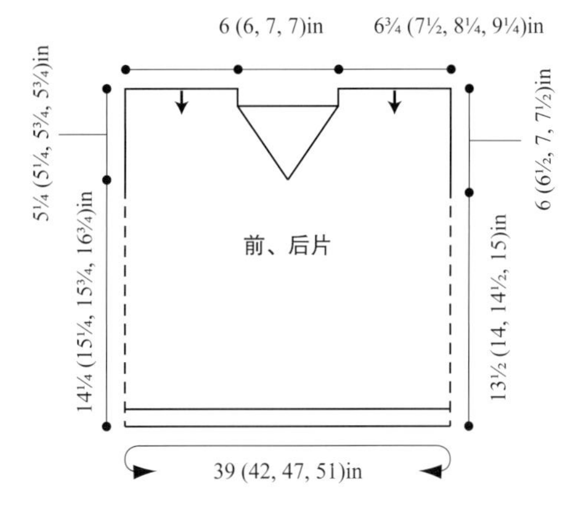

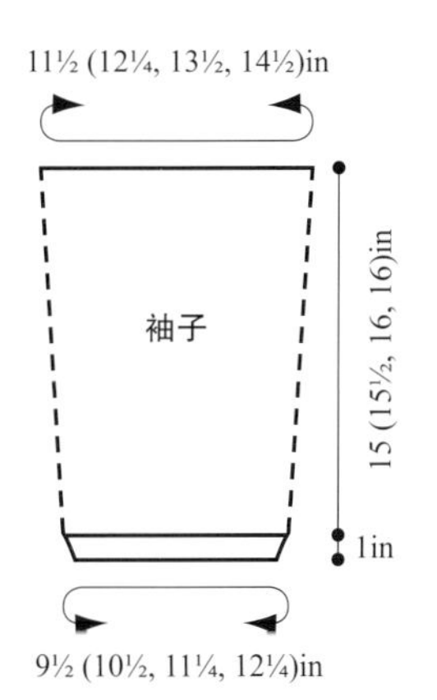

起伏针和蕾丝披肩

朱莉·土库曼的这条设计精巧的斜线编织披肩由两种微妙变化的人字纹和起伏针山脊蕾丝花样织就，点缀有起伏针针目，使其具有美妙纹理，视觉上和谐统一、交相辉映，无疑是简单款式服装的一款完美搭配。

编织难度

尺寸测量

宽：162.5cm

长：122cm

使用材料和工具

- 100g/绞（约400m）的Valley Yarns Charlemont 纱线（成分：羊毛/真丝/尼龙），色号#10 浅蓝色，1绞 (1)
- 6号（4mm）环形针，80cm长度，或任意能够符合密度的针号
- 记号扣

密度

- 起伏针10cm × 10cm面积内：24针 × 44行（用4mm环形针）

请务必花时间核对密度

注意

环形针在针目太多时用来替换长直针使用，不要用来圈织

披肩

起1针

下一行：在同一针里以下针方式织前面针圈，不脱落针目再以下针方式织后面针圈

下一行：在同一针里以下针方式织前面针圈，不脱落针目再以下针方式织后面针圈，1下针（3针）

开始编织起伏针部分

起伏针行1（正面行）：下针织到最后1针前，在同一针里以下针方式织前面针圈，不脱落针目再以下针方式织后面针圈（加了1针）

起伏针行2：在同一针里以下针方式织前面针圈，不脱落针目再以下针方式织后面针圈，下针织到底（加了1针）

起伏针行3：1下针，1下针左上2针并1针，下针织到最后1针前，在同一针里以下针方式织前面针圈，不脱落针目再以下针方式织后面针圈

起伏针行4：在同一针里以下针方式织前面针圈，不脱落针目再以下针方式织后面针圈，下针织到底（加了1针）

重复起伏针行1~4直至针目达到72针

开始编织起伏针山脊蕾丝图表

注意：在正面行的行尾加针达到10针之后，多重复一次图表中的10针花样，把行尾的记号扣移至最后一次10针重复花样之后

行1（正面行）：1下针，放置记号扣，*1下针，空挂1针，3下针，1右上3针并1针 3下针，空挂1针；从*开始重复织到最后1针前，放置记号扣，在同一针里以下针方式织前面针圈，不脱落针目再以下针方式织后面针圈（加了1针）

行2：在同一针里以下针方式织前面针圈，不脱落针目再以下针方式织后面针圈，下针织到记号扣，滑过记号扣，上针织到记号扣，滑过记号扣，1下针（加了1针）

行3：1下针，滑过记号扣，*2下针，空挂1针，2下针，1右上3针并1针，2下针，空挂1针，1下针；从*开始重复织到记号扣，滑过记号扣，下针织到最后1针前，1下针

行4：重复行2

行5：1下针，滑过记号扣，*3下针，空挂1针，1下针，1右上3针并1针，1下针，空挂1针，2下针；从*开始重复织到记号扣，滑过记号扣，下针织到最后1针前，在同一针里以下针方式织前面针圈，不脱落针目再以下针方式织后面针圈（加了1针）

行6：重复行2

行7：1下针，滑过记号扣，*4下针，空挂1针，1右上3针并1针，空挂1针，3下针；从*开始重复织到记号扣，滑过记号扣，下针织到最后1针前，1下针

行8：重复行2

行9：织1行上针

行10：织1行下针

再重复2次行1~10（90针）

再重复3次起伏针行1~4（99针）

摄影：杰克·德伊弛

开始编织人字纹蕾丝图表

注意：在正面行的行尾加针达到10针之后，多重复一次图表中的10针花样，把行尾的记号扣移至最后一次10针重复花样之后

行1（正面行）：1下针，滑过记号扣，*1下针，空挂1针，3下针，1中上3针并1针，3下针，空挂1针；从*开始重复织到记号扣，滑过记号扣，下针织到最后1针前，在同一针里以下针方式织前面针圈，不脱落针目再以下针方式织后面针圈（加了1针）

行2：在同一针里以下针方式织前面针圈，不脱落针目再以下针方式织后面针圈，下针织到记号扣，滑过记号扣，*9上针，1下针；从*开始重复直至最后1针前，滑过记号扣，1下针（加了1针）

行3：1下针，滑过记号扣，*2上针，空挂1针，2下针，1中上3针并1针，2下针，空挂1针，1上针；从*开始重复织到记号扣，滑过记号扣，下针织到底

行4：在同一针里以下针方式织前面针圈，不脱落针目再以下针方式织后面针圈，下针织到记号扣，滑过记号扣，*1下针，7上针，2下针；从*开始重复直至最后1针前，滑过记号扣，1下针（加了1针）

行5：1下针，滑过记号扣，*3上针，空挂1针，1下针，1中上3针并1针，1下针，空挂1针，2上针；从*开始重复织到记号扣，滑过记号扣，下针织到最后1针前，在同一针里以下针方式织前面针圈，不脱落针目再以下针方式织后面针圈（加了1针）

行6：在同一针里以下针方式织前面针圈，不脱落针目再以下针方式织后面针圈，下针织到记号扣，滑过记号扣，*2下针，5上针，3下针；从*开始重复直至最后1针前，滑过记号扣，1下针（加了1针）

行7：1下针，滑过记号扣，*4上针，空挂1针，1中上3针并1针，空挂1针，3上针；从*开始重复织到记号扣，滑过记号扣，下针织到底

行8：在同一针里以下针方式织前面针圈，不脱落针目再以下针方式织后面针圈，下针织到记号扣，滑过记号扣，上针织到记号扣，滑过记号扣，1下针（加了1针）

再重复2次行1~8（117针）

重复1次**和**之间的内容（12行带有加针的起伏针行）（126针）

在每行开始前，先织1针再开始织图表，织完图表之后在结尾再织5针，加针按照之前的规律加，再重复织3次起伏针山脊蕾丝图表的行1~10（144针）

重复1次**和**之间的内容（12行带有加针的起伏针行）（153针）

在每行开始前，先织1针再开始织图表，织完图表之后在结尾再织2针，加针按照之前的规律加，再重复织3次人字纹蕾丝图表的行1~8（171针）

重复1次**和**之间的内容（12行带有加针的起伏针行）（180针）

在正面行松松地收针

收尾

藏好线头，按尺寸定型

起伏针山脊蕾丝图表

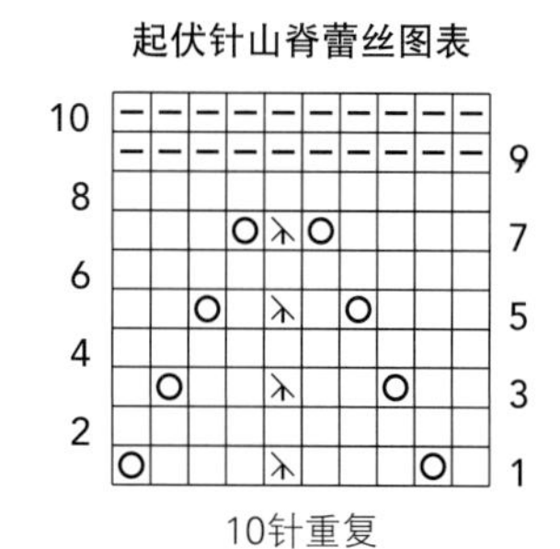

10针重复

人字纹蕾丝图表

10针重复

图例解释

- □ 正面下针，反面上针
- ⊟ 正面上针，反面下针
- ○ 空挂1针（yo）
- 右上3针并1针（SK2P）
- 中上3针并1针（S2KP）

轻薄的蕾丝外套

风工房的这款优雅蕾丝外套会让你联想起在沙滩上惬意的日子和夏天的那些夜晚。整款外套由2片长方形的织片组成，从前片下摆一直织到后片下摆，每一片都是由极具特色的经典树叶花样组成的，边缘和底部辅以单罗纹针，衣服仅仅用后背部中央的缝线收尾。

编织难度

■■■□

尺寸测量

宽（从后背测量）： 91.5cm

长（从肩部测量）： 85cm*

*因为这件衣服花样的原因，可能会由于穿着而有变长的趋势，编织时考虑这个因素可酌情缩短衣长以达到期望的穿着尺寸

使用材料和工具

- **原设计使用纱线**

50g/团（约142m）的Classic Elite Yarns Firefly纱线（成分：黏胶/亚麻），色号#7719 粉色，12团(3)

- **替代纱线**

50g/团（约118m）的Lana Grossa/Linea Pura Solo Lino纱线（成分：黏胶/亚麻），色号#39 紫罗兰色，15团(3)

- 1对6号（4mm）棒针，或任意能够符合密度的针号

密度

蕾丝花样10cm×10cm面积内：18针×26行（使用4mm棒针）

请务必花时间核对密度

注意

可根据个人喜好，选择阅读文字说明或者依据图表所示编织蕾丝花样

编织术语

sl1，k2，psso： 持线在织物后，滑1针，2下针，将滑过的那一针盖过刚才织的2下针，并从右棒针上脱落针圈【减了1针（在接下来的一行，会用空挂1针的方式加1针）】

蕾丝花样

（16针1组+13针）

行1（正面行）： *2上针，4下针，1上针，4下针，2上针，3下针；从*开始重复直至最后13针前，2上针，4下针，1上针，4下针，2上针

行2： 见到下针织下针，见到上针和空挂针织上针

摄影：露丝・卡拉翰

行3：*2上针，1下针，1下针左上2针并1针，空挂1针，1下针，1上针，1下针，空挂1针，1下针右上2针并1针，1下针，2上针，sl1，k2，psso；从*丌始重复直至最后2针前，2上针
行4：2下针，4上针，1下针，4上针，2下针，*1上针，空挂1针，1上针，2下针，4上针，1下针，4上针，2下针；从*开始重复到底
行5：*2上针，1下针左上2针并1针，空挂1针，2下针，1上针，2下针，空挂1针，1下针右上2针并1针，2上针，3下针；从*开始重复直至最后2针前，2上针
行6：重复行2
行7：*2上针，1下针，空挂1针，1下针，1下针左上2针并1针，1上针，1下针右上2针并1针，1下针，空挂1针，1下针，2上针，sl1，k2，psso；从*开始重复直至最后2针前，2上针
行8：重复行4
行9：*2上针，1下针，空挂1针，1下针，1下针左上2针并1针，1上针，1下针右上2针并1针，1下针，空挂1针，1下针，2上针，3下针；从*开始重复直至最后2针前，2上针
行10：重复行2
行11：*2上针，2下针，1下针左上2针并1针，空挂1针，1上针，空挂1针，1下针右上2针并1针，2下针，2上针，sl1，k2，psso；从*开始重复直至最后2针前，2上针
行12：重复行4
行13：*2上针，1下针，1下针左上2针并1针，空挂1针，1下针，1上针，1下针，空挂1针，1下针右上2针并1针，1下针，2上针，3下针；从*开始重复直至最后2针前，2上针
行14：重复行2
行15：*2上针，1下针左上2针并1针，空挂1针，2下针，1上针，2下针，空挂1针，1下针右上2针并1针，2上针，sl1，k2，psso；从*开始重复直至最后2针前，2上针
行16：重复行4
行17、18：重复行9、10
行19、20：重复行7、8
行21：*2上针，2下针，1下针左上2针并1针，空挂1针，1上针，空挂1针，1下针右上2针并1针，2下针，2上针，3下针；从*开始重复直至最后2针前，2上针
行22：重复行2
重复行3~22的蕾丝花样

左前片和后片1/2

起89针
行1（正面行）：1上针，*1下针，1上针；从*开始重复到底
行2~4：见到下针织下针，见到上针织上针，延续1下针、1上针的单罗纹针设定

开始编织蕾丝花样

行1（正面行）：按单罗纹针【1上针，1下针】织3次，放置记号扣，编织蕾丝花样直至最后6针前，放置记号扣，按单罗纹针【1下针，1上针】织3次
继续按照设定编织，保持第1针和最后6针是1下针、1上针的单罗纹针，其余针目都按照蕾丝花样编织，直至织完图表行22，然后再重复21次图表的行3~22
按罗纹针型收针

右前片和后片1/2

同左前片和后片1/2的方法编织

收尾

藏好线头，按尺寸定型
把2个织片并排摆放，拼接连接处
从后片中间连接处开始，将2个织片缝合在一起，缝合长度大约76cm。后背V形开衩部分和前片边缘不要进行缝合连接

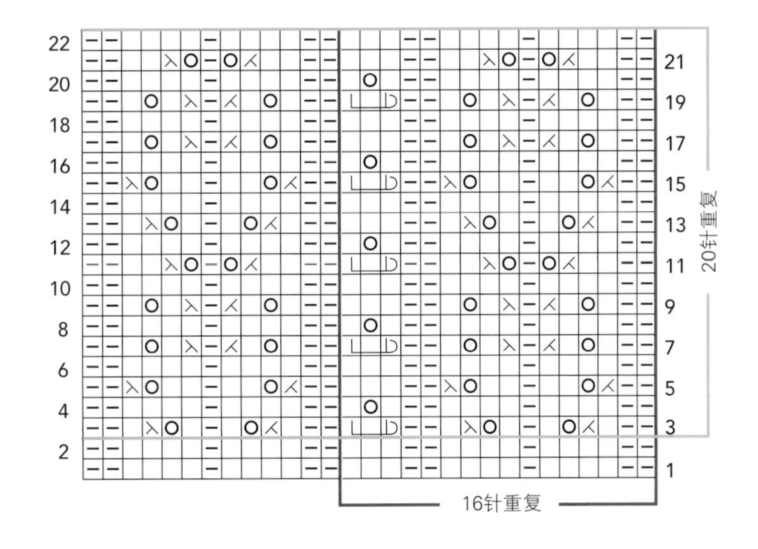

图例解释

- □ 正面下针，反面上针
- ⊟ 正面上针，反面下针
- ○ 空挂1针（yo）
- 下针左上2针并1针（k2tog）
- 下针右上2针并1针（ssk）
- sl1，k2，psso（见第35页）

蕾丝帽衫

多种考究的蕾丝花样组合成了这款轻薄温暖又精致的拉链帽衫。布鲁克・尼可的这款设计的特点是，袖子是圈织而成并以浮雕罗纹收尾，帽子缀有条纹蕾丝花样。除此之外，这件帽衫还带有斜向的口袋。

编织难度

尺码
小码（中码，大码），图中所展示的是小码

尺寸测量
胸围：91.5（104，119.5）cm
衣长：51（56，58.5）cm
上臂围：31.5（34.5，38）cm

使用材料和工具
- 25g/团（约210m）的Valley Yarns Southampton纱线（成分：幼马海毛/真丝），色号#014 原白色，7（8，9）团 1
- 1号（2.25mm）和3号（3.25mm）环形针，60cm长度，或任意能够符合密度的针号
- 1号（2.25mm）和3号（3.25mm）双头直针各1组（5根）
- 3号（3.25mm）环形针，40cm长度
- 3号（3.25mm）钩针
- 记号扣
- 废线或大别针
- 51（56，58.5）cm拉链
- 缝针和合适的线
- 大头针

密度
- 图表3和6，使用大号棒针编织，定型后，10cm×10cm面积内：22针×36行
- 图表2和7，使用大号棒针编织，定型后，10cm×10cm面积内：26针×34行

请务必花时间核对密度

注意
1）这款帽衫自上而下编织
2）图表只展示了正面行，育克和身体的所有反面行都织上针。袖子不加不减编织
3）胸围测量值包含了前面拉链隐藏带位置的大约4cm宽度

摄影：露丝・卡拉翰

编织术语
MC（铜钱花）：将左棒针上的第3针盖过前面2针并从针上脱落，接下来织1下针，空挂1针，1下针

后片
使用大号较长尺寸的那根环形针，起49（57，65）针
建立行（反面行）：2上针，放置记号扣，1上针，放置记号扣，9上针，放置记号扣，1上针，放置记号扣，23（31，39）上针，放置记号扣，1上针，放置记号扣，9上针，放置记号扣，1上针，放置记号扣，2上针

开始编织图表2和3
行1（正面行）：1下针，滑过记号扣，1下针，空挂1针，滑过记号扣，1下针，滑过记号扣，织图表2的行1直至记号扣，滑过记号扣，1下针，滑过记号扣，织图表3的行1直至图中所示重复线位置，织8针1组的循环2（3，4）次，织到图表3结束，滑过记号扣，1下针，滑过记号扣，织图表2的行1直至记号扣，滑过记号扣，1下针，滑过记号扣，空挂1针，1下针，1左扭加针，1下针【59（67，75）针】
行2和所有反面行（行6除外）：织上针
行3：1下针，1左扭加针，1下针左上2针并1针，空挂1针，1下针，空挂1针，滑过记号扣，1下针，滑过记号扣，织图表2直到记号扣，滑过记号扣，1下针，滑过记号扣，织图表3直到记号扣，滑过记号扣，1下针，滑过记号扣，织图表2直到记号扣，滑过记号扣，1下针，滑过记号扣，空挂1针，1下针，空挂1针，1下针右上2针并1针，1左扭加针，1下针【69（77，85）针】
行5：1下针，1左扭加针，1下针左上2针并1针，空挂1针，3下针，空挂1针，滑过记号扣，1下针，滑过记号扣，织图表2直到记号扣，滑过记号扣，1下针，滑过记号扣，织图表3直到记号扣，滑过记号扣，1下针，滑过记号扣，织图表2直到记号扣，滑过记号扣，3下针，滑过记号扣，空挂1针，1下针，空挂1针，1下针右上2针并1针，1左扭加针，1下针【79（87，95）针】
行6：上针织到底，起7针【86（94，102）针】
行7：11下针，空挂1针，1下针右上3针并1针，空挂1针，1下针，空挂1针，滑过记号扣，1下针，滑过记号扣，织图表2直到记号扣，滑过记号扣，1下针，滑过记号扣，织图表3直到记号扣，滑过记号扣，1下针，滑过记号扣，织图表2直到记号扣，滑过记号扣，1下针，滑过记号扣，空挂1针，1下针，空挂1针，1下针右上3针并1针，空挂1针，4下针，起7针【101（109，117）针】

开始编织图表1和4
注意：继续按图表2和3的既定模式编织
在育克部分，图表2和3将会和图表1和4处于不同的行数，注意分辨和记录
行9：织图表1的行1，滑过记号扣，1下针，滑过记号扣，织图表2直至记号扣，滑过记号扣，1下针，滑过记号扣，织图表3直至记号扣，滑过记号扣，1下针，滑过记号扣，织图表2直至记号扣，滑过记号扣，1下针，滑过记号扣，织图表4的行1到底【109（117，125针）】
行11：织图表1直至记号扣，滑过记号扣，1下针，滑过记号扣，织

图表2直至记号扣，滑过记号扣，1下针，滑过记号扣，织图表3直至记号扣，滑过记号扣，1下针，滑过记号扣，织图表2直至记号扣，滑过记号扣，1下针，滑过记号扣，织图表4到底（加了8针）
继续按照这个模式编织图表，每织完完整的1张图表就多出1次8针1组的循环，直到图表2和3的16行织过3（4，4）次，再多重复1次行1~15（1~7，1~15）【325（365，405）针】

分离袖子和衣身

下一行（反面行）：*上针织到记号扣，移除记号扣，1上针，移除记号扣，将接下来的73（81，89）针移至废线或大别针上作为袖子留针，卷加4针，放置记号扣标记侧身线，卷加4针，从*开始再重复1次，上针织到底，移除记号扣【衣身195（219，243）针，其中后片97（113，129）针，左前片和右前片各49（53，57）针】

开始编织图表5和6

注意：图表6有不同尺码的区分，注意使用你所需要的尺码
下一行（反面行）：织图表5的行1（9，1）直至标记的重复线位置，织5（6，6）次8针1组的重复花样，织图表5的最后5（1，5）针，滑过记号扣，织图表6的行1（9，1）直至标记的重复线位置，织11（13，15）次8针1组的重复花样，织完图表6的剩余针目，滑过记号扣，从图表5的第1（5，1）针开始，织图表5的行1（9，1）直至标记的重复线（重复结束，重复线）位置，织5（6，6）次8针1组的重复花样，织完图表5的剩余针目
继续按照图表设定编织，直至图表5和6的16行织完，再重复5次行1~16，再重复1次行0（1~8，0）（一共织了96行图表）

换成小号环形针
下一行（正面行）：织1行下针，均匀减2针【193（217，241）针】
下一行（反面行）：3上针，*1下针，2上针；从*开始重复直至最后1针前，1上针

开始编织浮雕罗纹

行1（正面行）：3下针，*空挂1针，1下针，空挂1针，2下针；从*开始重复直至最后1针前，1下针
行2：3上针，*1下针左上3针并1针，2上针；从*开始重复直至最后1针前，1上针
再重复行1和行2各11次编织浮雕罗纹，以下针方式松松地收针

袖子

将73（81，89）针袖子针目转移到大号环形针上
卷加4针，下针织过所有袖子针目，卷加4针【81（89，97）针】
首尾连接形成圈织，放置记号扣标记圈织起始位置

开始编织图表7

注意：不加不减编织所有圈。中途如有需要，更换为大号双头直针进行编织
注意：仅仅针对中码，从图表7的圈9开始编织
圈1：织图表7到重复线位置，织7（8，9）次8针1组的重复花样，织到图表最后
继续按照这个方法编织直至完成80圈，然后再重复1次圈1~38（1~60，1~62）【59（63，69）针】
换为小号双头直针
下一圈：织一圈下针，在这一圈均匀减2（3，3）针【57（60，66）针】

开始编织浮雕罗纹

圈1：1下针，*空挂1针，1下针，空挂1针，2下针；从*开始重复直至最后1针前，1下针
圈2：1下针，*1上针左上3针并1针，2下针；从*开始重复直至最后1针前，1下针
再重复圈1和圈2各11次编织浮雕罗纹，以下针方式松松地收针

前面装拉链的位置

织物正面对着自己，使用钩针在右前侧沿着边缘均匀地钩90（94，98）针短针，再钩织4行短针，拉紧。按这个方法重复，在左侧边缘也编织同样1条

拉链隐藏带（织2条）

使用钩针，钩出91（95，99）针锁针，在90（94，98）针上钩5行短针，拉紧，放在一边

兜帽

织物正面对着自己，使用较长的大号环形针，从右侧颈边位置开始，到后颈正中间位置，挑起50（54，58）针，放置记号扣，从后颈正中间位置，到左侧颈边位置，挑起50（54，58）针【100（108，116）针】

开始编织聚集针

行1~6：4下针，*空挂1针，1下针左上2针并1针，2下针；从*开始重复到底
行7：4下针，*空挂1针，1下针左上2针并1针，2下针；从*开始重复到记号扣前2针，空挂1针，2下针，滑过记号扣，2下针，**空挂1针，1下针左上2针并1针，2下针；从**开始重复到底【101（109，117）针】
行8：4下针，*空挂1针，1下针左上2针并1针，2下针；从*开始重复到记号扣前2针，空挂1针，2下针，滑过记号扣，3下针，**空挂1针，1下针

左上2针并1针，2下针；从**开始重复到底【102（110，118）针】
行9~14：4下针，*空挂1针，1下针左上2针并1针，2下针；从*开始重复到记号扣前1针，1下针，滑过记号扣，3下针，**空挂1针，1下针左上2针并1针，2下针；从**开始重复到底
行15：4下针，*空挂1针，1下针左上2针并1针，2下针；从*开始重复到记号扣前3针，空挂1针，3下针，滑过记号扣，3下针，**空挂1针，1下针左上2针并1针，2下针；从**开始重复到底【103（111，119）针】
行16：4下针，*空挂1针，1下针左上2针并1针，2下针；从*开始重复到记号扣前3针，空挂1针，3下针，滑过记号扣，**空挂1针，1下针左上2针并1针，2下针；从**开始重复到底【104（112，120）针】
行17~22：4下针，*空挂1针，1下针左上2针并1针，2下针；从*开始重复到底
行23：4下针，*空挂1针，1下针左上2针并1针，2下针；从*开始重复到记号扣，滑过记号扣，1下针，空挂1针，3下针，**空挂1针，1下针左上2针并1针，2下针；从**开始重复到底【105（113，121）针】
行24：4下针，*空挂1针，1下针左上2针并1针，2下针；从*开始重复到记号扣前1针，1下针，滑过记号扣，1下针，空挂1针，3下针，**空挂1针，1下针左上2针并1针，2下针；从**开始重复到底【106（114，122）针】
行25~30：4下针，*空挂1针，1下针左上2针并1针，2下针；从*开始重复到记号扣前1针，1下针，滑过记号扣，1下针，**空挂1针，1下针左上2针并1针，2下针；从**开始重复到底
行31：4下针，*空挂1针，1下针左上2针并1针，2下针；从*开始重复到记号扣前1针，空挂1针，1下针，滑过记号扣，1下针，**空挂1针，1下针左上2针并1针，2下针；从**开始重复到底【107（115，123）针】
行32：4下针，*空挂1针，1下针左上2针并1针，2下针；从*开始重复到记号扣前1针，空挂1针，1下针，滑过记号扣，2下针，**空挂1针，1下针左上2针并1针，2下针；从**开始重复到底【108（116，124）针】
行33~64：再重复1次行1~32【116（124，132）针】
行65：*空挂1针，1下针左上2针并1针，2下针；从*开始重复到底
重复行65直至兜帽从起始位置测量达到33cm

开始帽顶塑形

下一行：4下针，*空挂1针，1下针左上2针并1针，2下针；从*开始重复到记号扣前2针，1下针左上2针并1针，滑过记号扣，2下针，**空挂1针，1下针左上2针并1针，2下针；从**开始重复到底【115（123，131）针】
下一行：4下针，*空挂1针，1下针左上2针并1针，2下针；从*开始重复到记号扣前2针，1下针左上2针并1针，滑过记号扣，1下针，**空挂1针，1下针左上2针并1针，2下针；从**开始重复到底【114（122，130）针】
下一行：4下针，*空挂1针，1下针左上2针并1针，2下针；从*开始重复到记号扣前5针，空挂1针，1下针左上2针并1针，1下针，1下针左上2针并1针，滑过记号扣，1下针，**空挂1针，1下针左上2针并1针，2下针；从**开始重复到底【113（121，129）针】
下一行：4下针，*空挂1针，1下针左上2针并1针，2下针；从*开始重复到记号扣前5针，空挂1针，1下针左上2针并1针，1下针，1下针左上2针并1针，滑过记号扣，1下针左上2针并1针，2下针，**空挂1针，1下针左上2针并1针，2下针；从**开始重复到底【111（119，127）针】
下一行：4下针，*空挂1针，1下针左上2针并1针，2下针；从*开始重复到记号扣前1针，1下针，滑过记号扣，1下针左上2针并1针，2下针，**空挂1针，1下针左上2针并1针，2下针；从**开始重复到底【110（118，126）针】
下一行：4下针，*空挂1针，1下针左上2针并1针，2下针；从*开始重复到记号扣前1针，1下针，滑过记号扣，1下针左上2针并1针，1下针，**空挂1针，1下针左上2针并1针，2下针；从**开始重复到底【109（117，125）针】
下一行：4下针，*空挂1针，1下针左上2针并1针，2下针；从*开始重复到记号扣，滑过记号扣，1下针左上2针并1针，1下针，**空挂1针，1下针左上2针并1针，2下针；从**开始重复到底【108（116，124）针】
滑54（58，62）针到额外的棒针上，用三根针缝合法松松地缝合帽顶

右口袋

用大号棒针，起59（67，79）针，织1行上针

开始编织蕾丝针

行1（正面行）：2下针，*MC，1下针；从*开始重复到最后1针前，1下针
行2：织1行上针
行3：4下针，*MC，1下针；从*开始重复到最后3针前，3下针
行4：织1行上针
再重复4次行1~4，之后再重复1次行1和行2
行23：4下针，*MC，1下针；从*开始重复到最后3针前，1下针左上2针并1针，1下针（减了1针）
行24和所有反面行：织1行上针
行25：2下针，*MC，1下针；从*开始重复到最后4针前，1下针，1下针左上2针并1针，1下针（减了1针）
行27：4下针，*MC，1下针；从*开始重复到最后5针前，2下针，1下针左上2针并1针，1下针（减了1针）
行29：2下针，*MC，1下针；从*开始重复到最后6针前，MC，1下针左上2针并1针，1下针（减了1针）
行30：织1行上针
再重复5（5，6）次行23~30【35（43，51）针】
以下针方式松松地收针

左口袋

用大号棒针，起59（67，79）针，织1行上针
行1~22的编织方法和右口袋一样
行23：1下针，1下针右上2针并1针，1下针，*MC，1下针；从*开始重复到最后3针前，3下针（减了1针）
行24和所有反面行：织1行上针
行25：1下针，1下针右上2针并1针，2下针，*MC，1下针；从*开始重复到最后1针前，1下针（减了1针）
行27：1下针，1下针右上2针并1针，3下针，*MC，1下针；从*开始重复到最后3针前，3下针（减了1针）
行29：1下针，1下针右上2针并1针，*MC，1下针；从*开始重复到最后1针前，1下针（减了1针）
行30：织1行上针
再重复5（5，6）次行23~30【35（43，51）针】
以下针方式松松地收针

收尾

缝合腋下缝线，藏好线头。按尺寸定型，给口袋和拉链隐藏带单独定型。
将口袋按照图示位置缝合在衣服前片（口袋底边和衣服底边罗纹开始的位置重合，口袋长的侧边和衣服拉链固定的位置重合）
用大头针固定好拉链的位置，要让拉链处于前面正中间，前面切勿出现褶皱，将拉链缝好。将拉链隐藏带用大头针固定在前片背面，盖住拉链，把拉链隐藏带缝好，缝合过程中需要确保前片的平整

图表6（仅小码和大码）

8针重复

图例解释

- □ 正面下针，反面上针
- 下针左上2针并1针（k2tog）
- 下针右上2针并1针（ssk）
- 空挂1针（yo）
- 右上3针并1针（SK2P）

注意：图表中只显示正面行，所有偶数行织上针，所有偶数圈织下针

图表6（仅中码）

8针重复

图表5

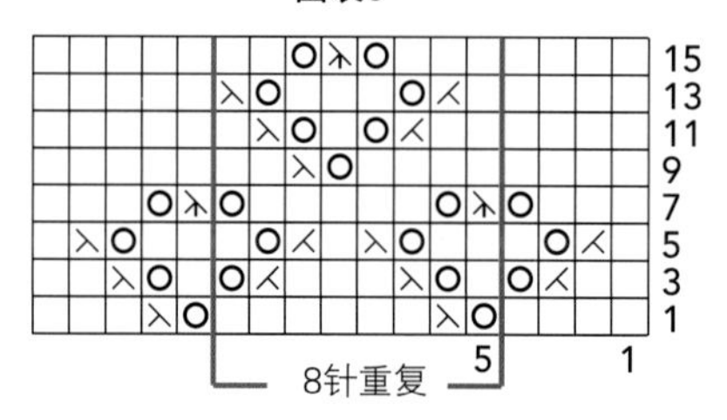

图表4

图表1

图表3

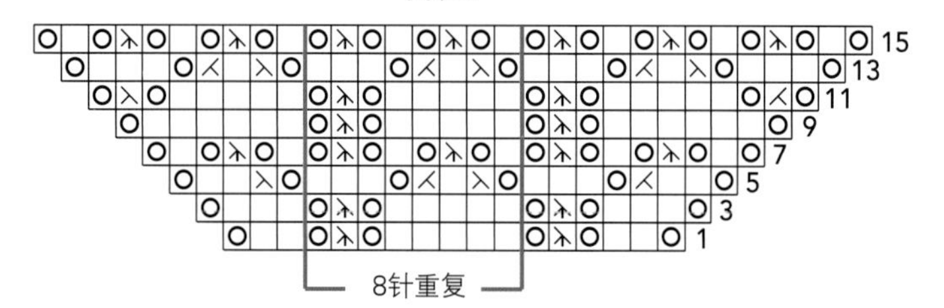

图表2

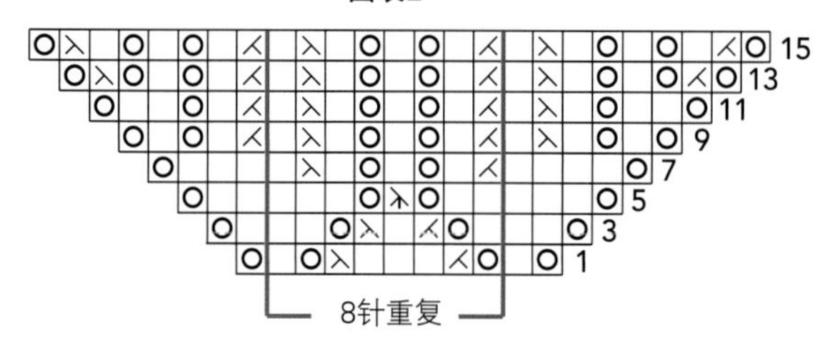

图表7

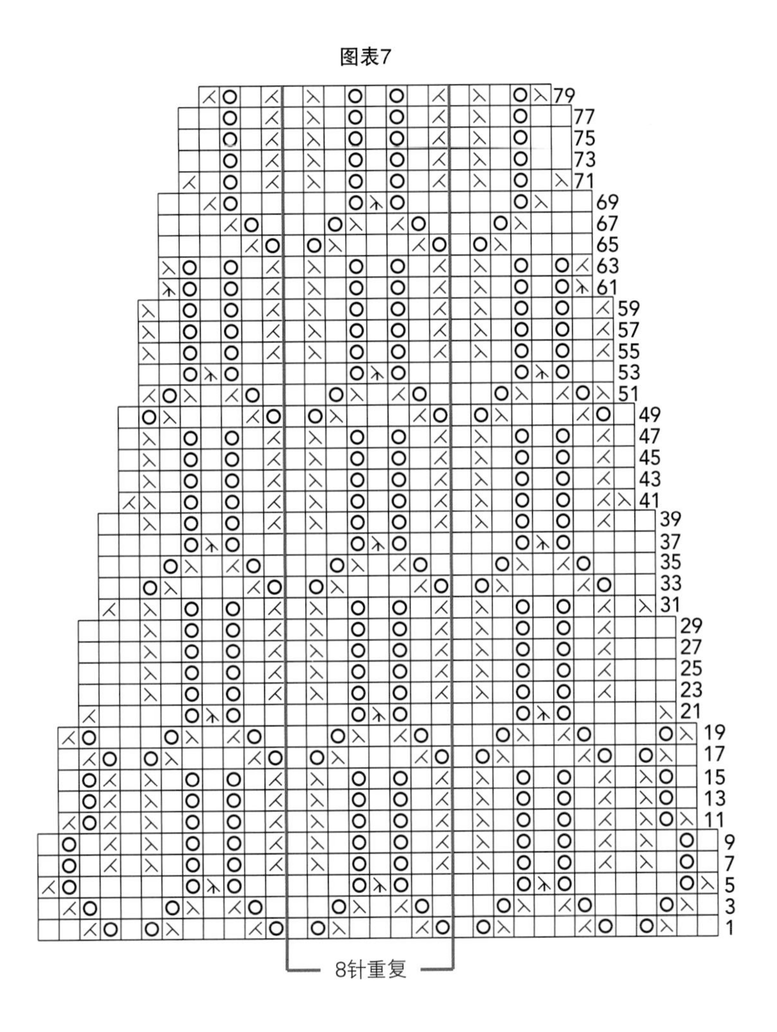
79
77
75
73
71
69
67
65
63
61
59
57
55
53
51
49
47
45
43
41
39
37
35
33
31
29
27
25
23
21
19
17
15
13
11
9
7
5
3
1
8针重复

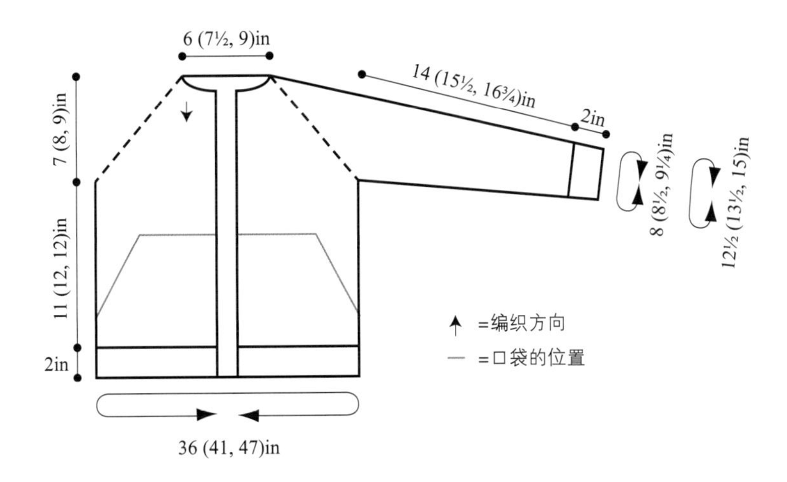
6 (7½, 9)in
14 (15½, 16¾)in
2in
7 (8, 9)in
11 (12, 12)in
2in
8 (8½, 9¼)in
12½ (13½, 15)in
36 (41, 47)in
=编织方向
=口袋的位置

盖毯式大披肩

如果要说哪个作品可以称为披肩的代表作，那么杰奎琳·凡·迪伦的这条超大尺寸围裹式披肩，款式简单又不失优雅，可谓当之无愧。6个正方形（以中心点起针向外转圈编织）和4个三角形（往返片织）用三根针缝合法在相邻的两个边进行缝合连接，收尾时再缀上长长的随风摇摆的流苏。

编织难度

尺寸测量

宽（最宽处）： 188cm

长（从后背中心点）： 118cm

使用材料和工具

• 原版线材

100g/绞（约155m）的Fibra Natura/Universal Yarns品牌Good Earth Solids纱线（成分：棉/亚麻），色号#105 玫瑰粉色，8绞(4)

• 替代线材

50g/团（约83m）的Valley Yarns品牌Goshen纱线（成分：秘鲁棉/莫代尔/真丝），色号#30 浅粉色，15团(4)

- 7号（4.5mm）双头直针1组（5根），或任意能够符合密度的针号
- 7号（4.5mm）环形针，100cm长度
- 7号（4.5mm）钩针
- 记号扣
- 废线或大别针

密度

- 平针10cm × 10cm面积内：16针 × 20行（使用4.5mm棒针）
- 1个正方形织片的尺寸大约38cm见方（使用4.5mm棒针）

请务必花时间核对密度

环形起针

1）在2根手指上松松地绕线，短线头在手指尖，连接线团的活动线一端在手心

2）右手拿钩针，将活动线从线圈中钩出

3）再钩织1针锁针，起立针完成

重复步骤2和3直到起足所需针目。将针目转移到直针上或者分在几根双头直针上，拉紧起针时的短线头，使起针的圆环缩小闭合

编织术语

M3：用针尖挑起刚刚织过的1针和下一针之间的渡线，在这根渡线上织（1下针，1上针，1下针）（加了3针）

M4：用针尖挑起刚刚织过的1针和下一针之间的渡线，在这根渡线上织（1下针，1上针，1下针，1上针）（加了4针）

M6：用针尖挑起刚刚织过的1针和下一针之间的渡线，在这根渡线上织（1下针，1上针，1下针，1上针，1下针，1上针）（加了6针）

注意

1）这条披肩由6个正方形（以中心点起针向外转圈编织）和4个三角形（往返片织）组成

2）从1个三角形开始编织，随后继续编织正方形和三角形，使用三根针缝合法缝合（编织顺序见图表）

披肩

三角形1

用环形起针法起10针，将针目转移到环形针上，按照如下方法往返编织

开始编织图表1

注意：图表1分成了两半，每一行编织的时候，这两半都要进行编织，在反面以行1开始，织图表的行1~38（98针）

分别在左右两部分下针中轴上用记号扣做标记

下一行（反面行）：织1行上针

下一行（正面行）：2下针，空挂1针，下针织到记号扣，空挂1针，滑过记号扣，2下针，滑过记号扣，下针织到最后2针前，空挂1针，2下针

再重复5次刚才织的2行（122针）

织1行上针

收掉61针，把剩下的61针移到废线或者大别针上

正方形2

用环形起针法起12针，将针目平均分在4根双头直针上，首尾相连形成圈织，在这一步小心，切勿把针目扭起。之后按照如下方法继续圈织：

开始编织图表2

圈1：织1圈下针

圈2：【1下针，空挂1针，1下针，空挂1针，1下针】4次

摄影：露丝·卡拉翰

图表1-左半部分

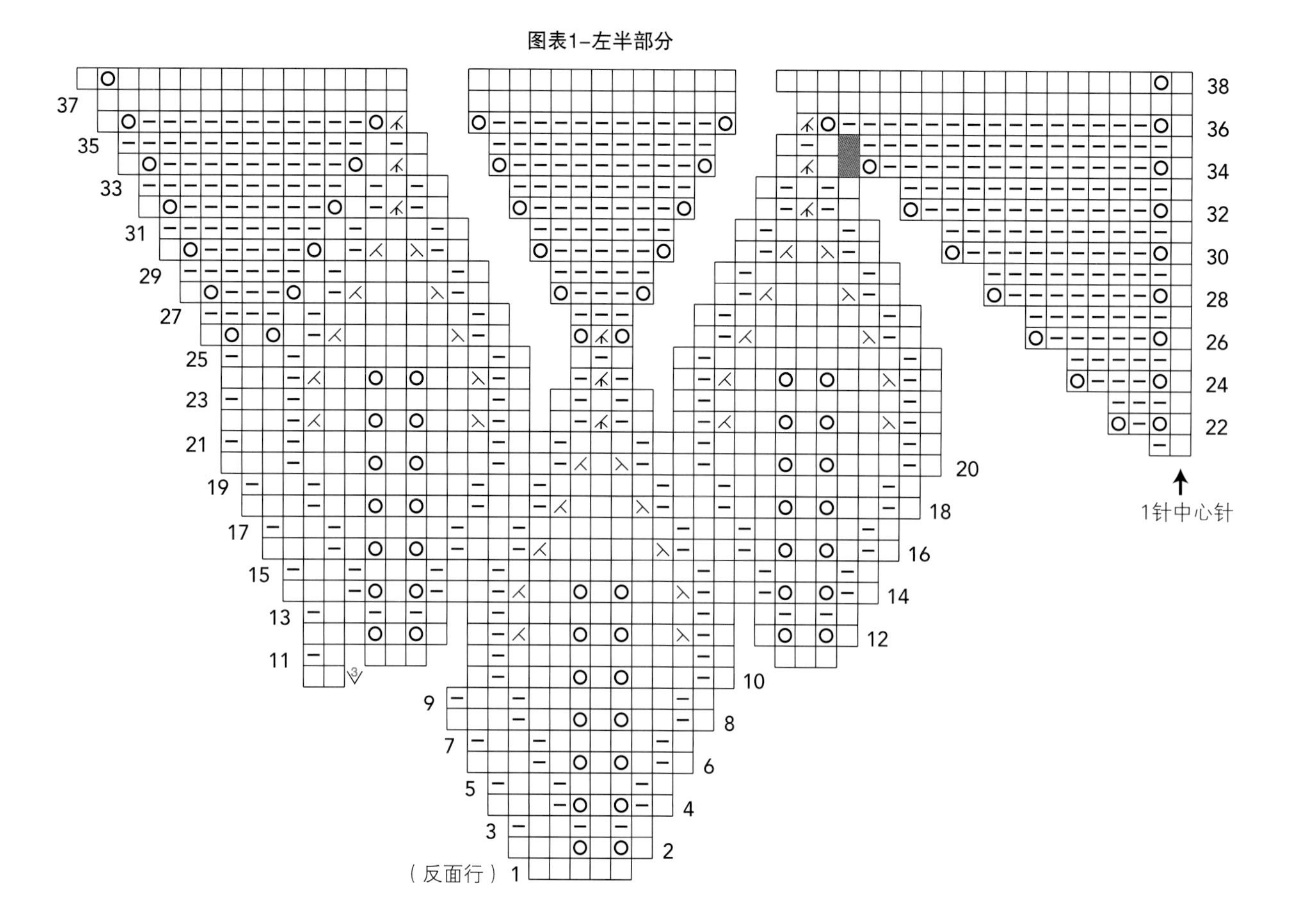

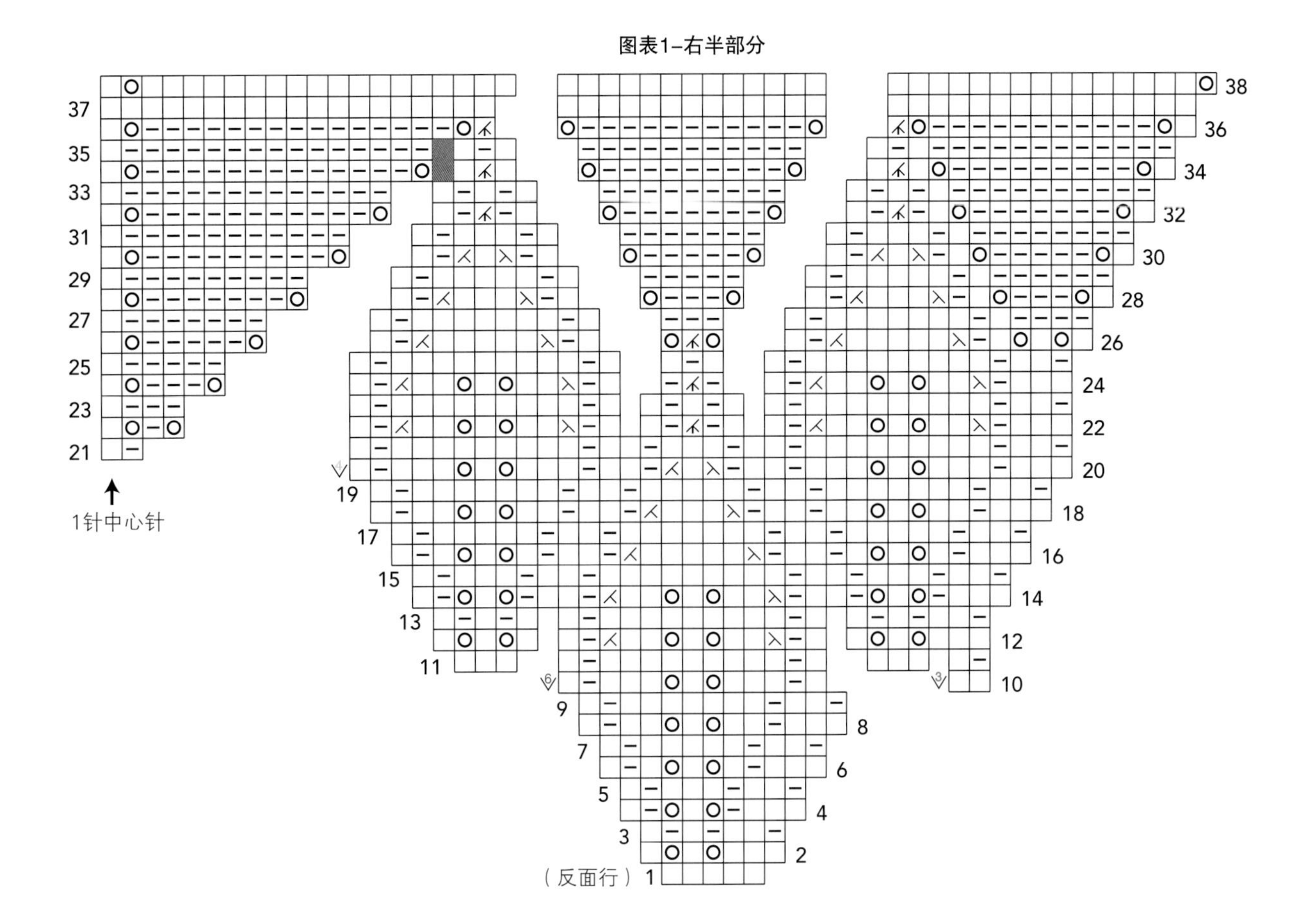

图例解释

- □ 正面下针，反面上针
- ⊟ 正面上针，反面下针
- ◎ 空挂1针（yo）
- ⧄ 正面织下针左上2针并1针
- ⧅ 正面织下针右上2针并1针
- ■ 没有针目
- 正面织下针左上3针并1针
- M3
- M4
- M6

继续按照图表设定编织，直至完成38行。当你觉得双头直针放不下针目的时候，换成环形针，并在原来每根双头直针交界的位置放置1枚记号扣（212针）。在每次重复的时候记得标记中间的2针下针中轴针目

下一圈：织1圈下针

加针圈：【下针织到角之前2针，空挂1针，2下针，空挂1针】4次，下针织到底（加了8针）

再重复3次刚刚织过的2圈（244针）

连接

收掉61针，用三根针缝合法缝合接下来的61针与之前编织好的三角形上休针的61针，将剩下的122针移到废线或大别针上

继续按照设定模式编织正方形和三角形，按照第49页下方图示连接

收尾

藏好线头，按尺寸定型

外边缘

起13针

行1（正面行）：13下针

行2（反面行）：在三角形长边上挑针（见第49页下方图示），（挑起的针目和刚刚起的边缘针目第1针一起）1上针左上2针并1针，9上针，3下针

翻面

行3（正面行）：13下针

沿着边缘均匀地重复编织行2和行3，以下针行结束，收针

流苏（做65个）

剪大约40cm长度的线头，每个流苏使用2根线头，用钩针均匀地钩在三角形披肩的另外两条边上

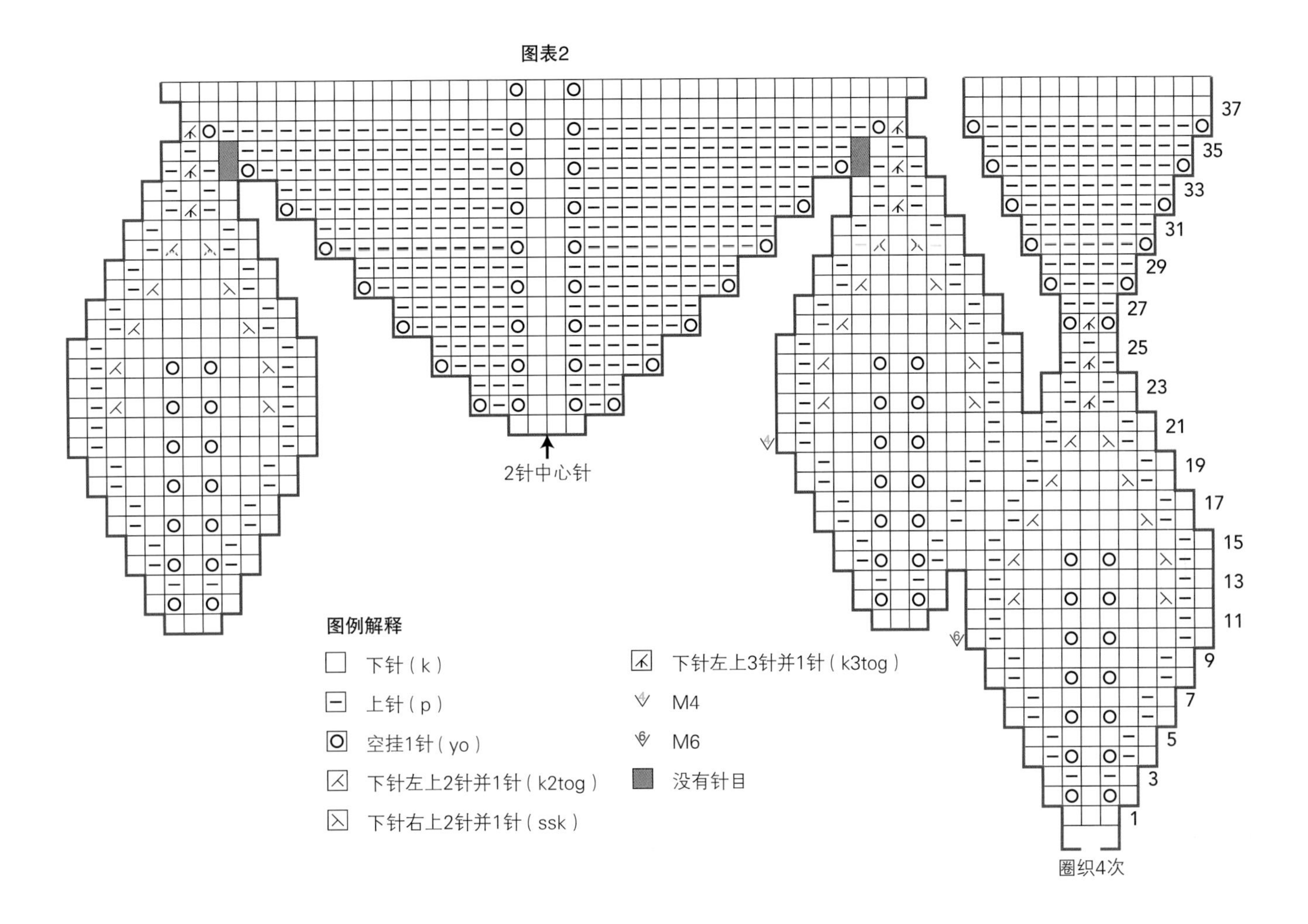

图表2
2针中心针
圈织4次
37
35
33
31
29
27
25
23
21
19
17
15
13
11
9
7
5
3
1
图例解释
下针（k）
上针（p）
空挂1针（yo）
下针左上2针并1针（k2tog）
下针右上2针并1针（ssk）
下针左上3针并1针（k3tog）
M4
M6
没有针目

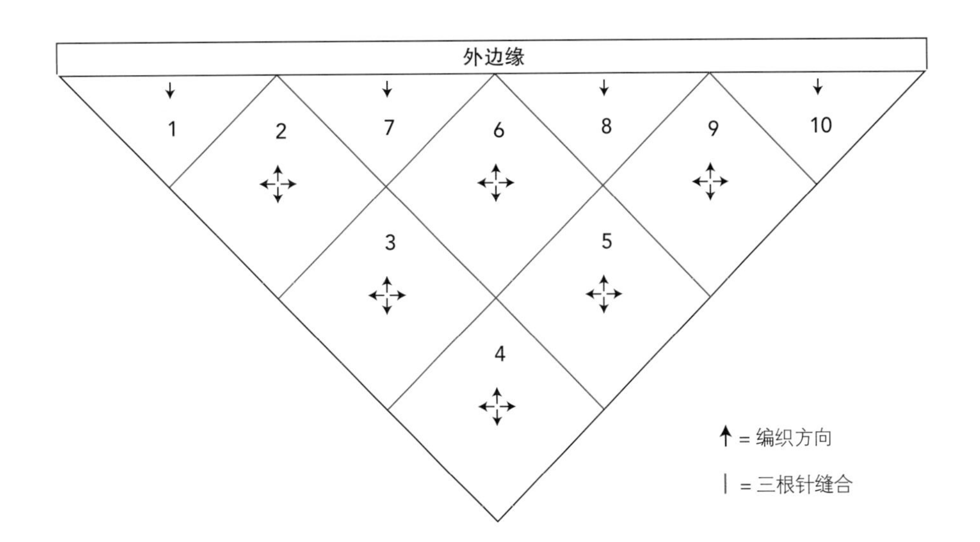

外边缘
1
2
7
6
8
9
10
3
5
4
= 编织方向
= 三根针缝合

摄影：露丝·卡拉翰

分段式钻石花样围裹披肩

克里斯汀·卡普尔的这条令人印象深刻的蕾丝围裹式披肩，由多段网眼和钻石花样组合而成。分成两片编织，之后用厨师针缝合法在中间缝合，用起伏针点缀在边缘使其拥有良好的垂感。

编织难度

■■■□

尺寸测量

约61cm × 203cm

使用材料和工具

• **原版线材**

100g/绞（约137m）的Malabrigo Yarn Twist纱线（成分：羊毛），色号#416 蓝绿色系段染，6绞(4)

• **替代线材**

100g/绞（约192m）的Malabrigo Yarn Rios纱线（成分：羊毛），色号#416 蓝绿色系段染，5绞(4)

• 2根10.5号（6.5mm）环形针，长度80cm，或任意能够符合密度的针号

• 记号扣

• 花毯针

密度

10cm × 10cm面积内：12针 × 19行（使用6.5mm环形针）

请务必花时间核对密度

注意

1）这条披肩由两部分组成，在中间进行连接

2）每2行换另外一绞纱线继续编织，以防止段染纱线的颜色堆积

3）环形针在针目太多时用来替换长直针使用，不要用来圈织

披肩

第一部分

起75针

行1（正面行）： 持线在前，以上针方式滑1针，下针织到底

再重复15次行1

开始编织图表1

行1（正面行）： 编织到重复线的位置，织22针1组的循环2次，编织图表中剩余的针目到底

按照这个方法继续织图表1，直至行1~24已经重复编织完2次

开始编织图表2

行1（正面行）： 编织到重复线的位置，织22针1组的循环2次，编织图表中剩余的针目到底

按照这个方法继续织图表2，直至完成行14，之后再重复41次行13、14

开始编织图表3

行1（正面行）： 编织到重复线的位置，织22针1组的循环2次，编织图表中剩余的针目到底

按照这个方法继续织图表3，直至完成行9

断线，将已经编织好的第一部分放到一边

第二部分

编织方法和第一部分相同

收尾

重新拿起线，织物正面对着自己，用厨师针缝合法缝合两个部分

藏好线头，将织物按尺寸定型

图表1

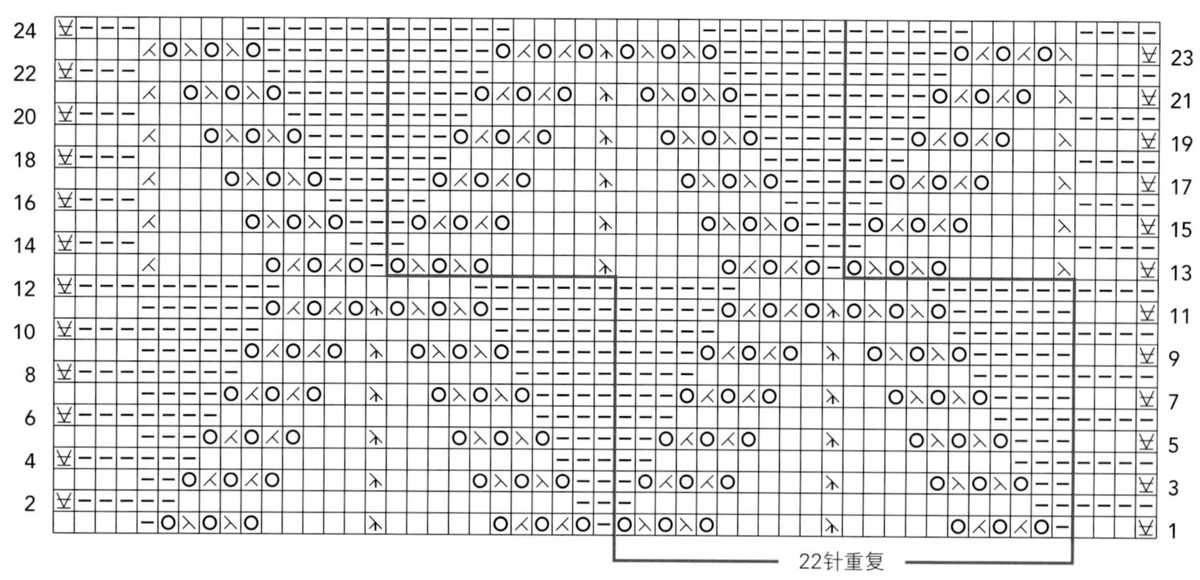

图表2

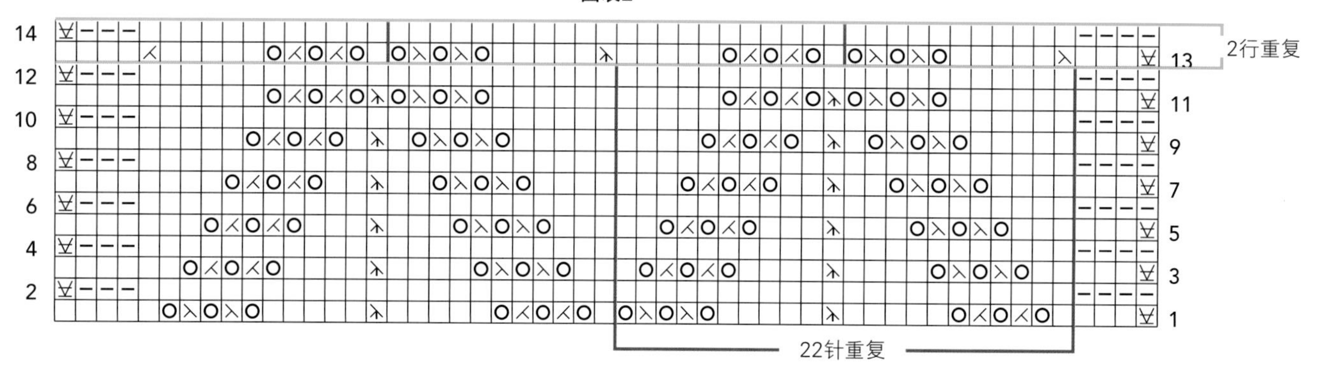

图表3

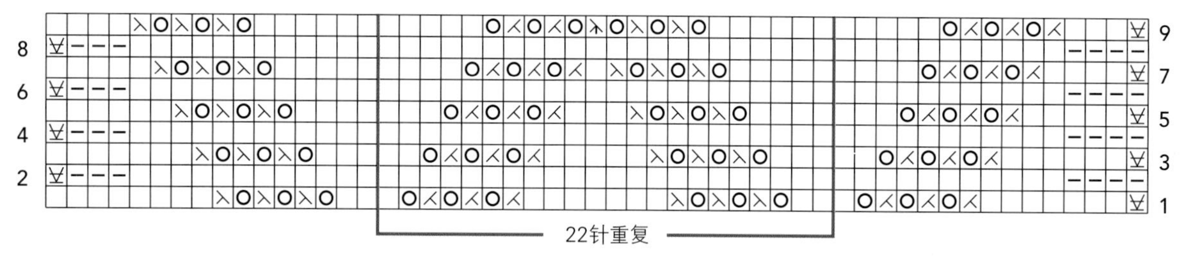

图例解释

- 正面下针，反面上针
- 正面上针，反面下针
- 持线在织物前，以上针方式滑1针
- 空挂1针（yo）
- 下针右上3针并1针（SK2P）
- 下针左上2针并1针（k2tog）
- 下针右上2针并1针（ssk）

灰石港披肩

露丝玛莉（露米）·希尔斯的这条超大围裹披肩恰巧是戏剧盛宴夜晚的完美搭配，从单点向上延伸的缀有双线的不对称三角，如花环般排布，使得这条披肩的尺寸可以灵活调整。整条披肩的贝壳形边缘浑然天成。

编织难度

■■■□

尺寸测量

宽（上边缘）： 约172.5cm

长（中心位置）： 约86.5cm

使用材料和工具

• 原版线材

50g/绞（约137m）的Classic Elite Yarns Canyon纱线（成分：棉/羊驼毛），色号#3703 浅灰色，7绞 (2)

• 替代线材

50g/绞（约150m）的Valley Yarns Granville纱线（成分：匹马棉/美利奴羊毛），色号#04 银色，7绞 (2)

• 6号（4mm）环形针，80cm长度，或任意能够符合密度的针号

密度

图表中花样10cm × 10cm面积内：17针 × 23行（用4mm环形针）

请务必花时间核对密度

弹性收针法

2下针，*滑2针回左棒针，1扭下针左上2针并1针，1下针；从*开始重复到底，滑2针回左棒针，1扭下针左上2针并1针，收紧最后1针

披肩

起3针

行1： 在同一针里以下针方式织前面针圈，不脱落针目再以下针方式织后面针圈，1下针，在同一针里以下针方式织前面针圈，不脱落针目再以下针方式织后面针圈（5针）

行2： 扭下针织到底

开始编织图表1

织图表1，直至完成行38（35针）

开始编织图表2

行1（正面行）： 织到重复线的位置，跳过17针的重复部分，织重复线之后的针目到底

继续按照这个方法编织图表2，直至完成行24（52针）

行2（反面行）： 织到重复线的位置，织1次17针1组的重复花样，织重复线之后的针目到底

摄影：露丝·卡拉翰

继续按照这个方法编织图表2，直至完成行24，之后再重复编织9次这个图表（一共编织了11次），注意每次重复的时候都多织了1次17针重复花样（222针）

开始编织图表3

行1（正面行）：织到重复线的位置，织11次17针1组的重复花样，织重复线之后的针目到底

继续按照这个方法编织图表3，直至完成行12（258针）

用弹性收针法收针

收尾

藏好线头，按尺寸定型，注意定型的时候把织物边缘的尖角用珠针一一固定，以达到更好效果

图例解释

- □ 正面下针，反面上针
- ⊟ 正面上针，反面下针
- ■ 没有针目
- ○ 空挂1针（yo）
- 正面扭下针
- 反面扭下针
- 下针左上2针并1针（k2tog）
- 下针右上2针并1针（ssk）
- 扭下针左上2针并1针（k2tog tbl）
- 在同一针目里织（1下针，空挂1针，1下针）

图表1

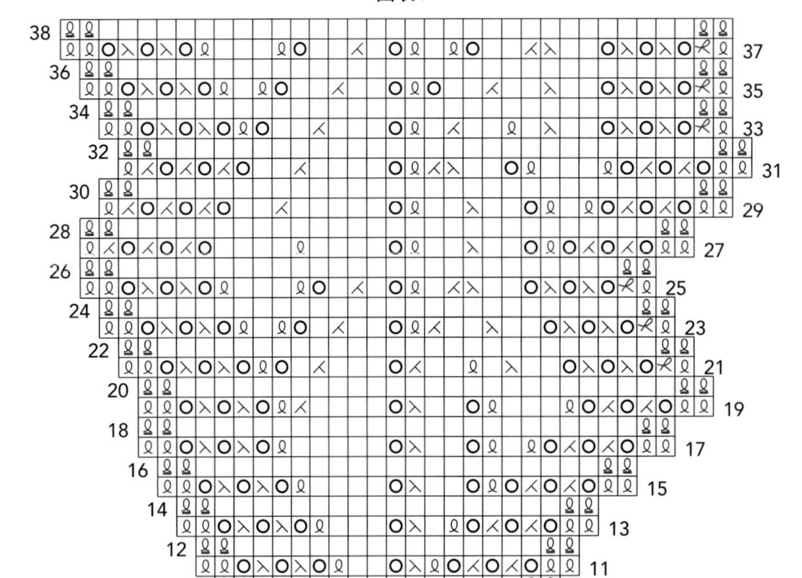

图表2

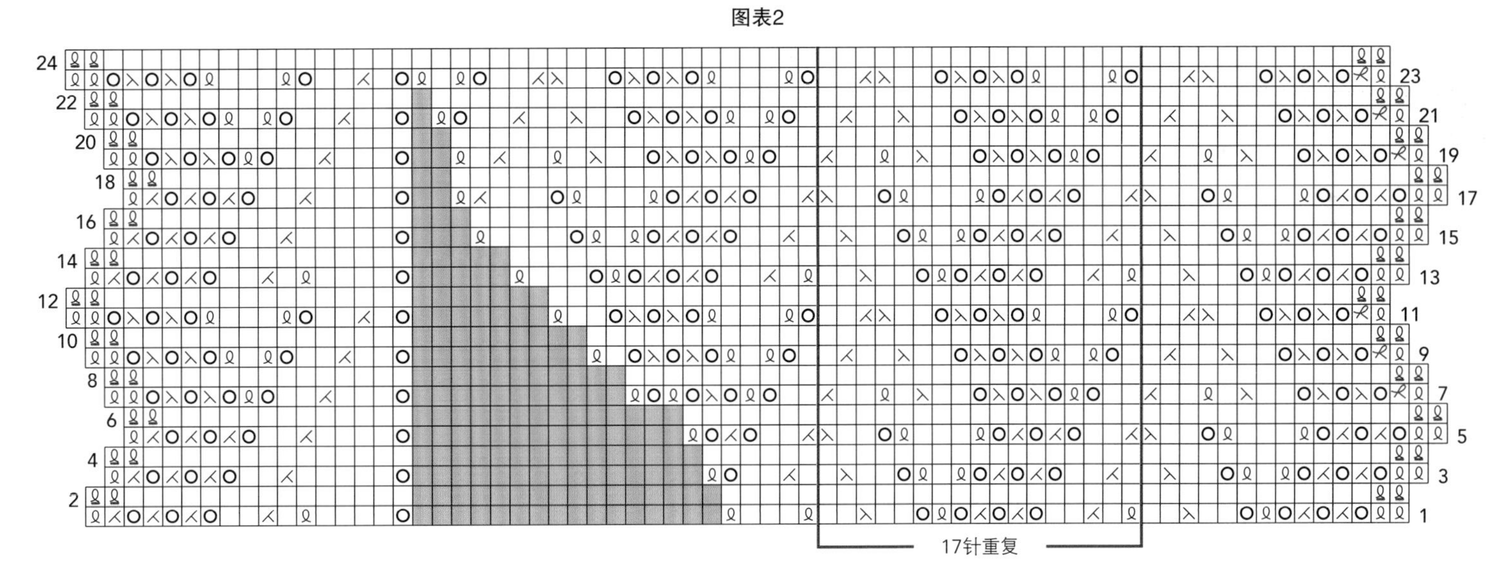

图表3

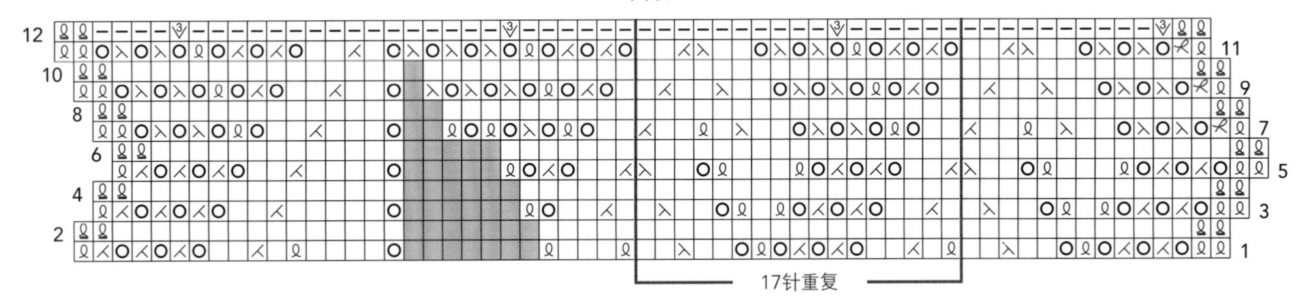

深V开衫

3种不同大小钻石花样的组合，中间缀以起伏针作为分割，使得狄波拉·牛顿的这条长线条的宽松无扣开衫从居家的调调中得到了提升，带有宽孔眼的起伏针边缘和衣服整体的空气感风格统一。

编织难度

■■■□

尺码

小码（中码，大码，加大码，2X加大码），图中展示的为小码

尺寸测量

胸围（前边缘闭合）：98（105.5，111.5，119，127）cm
长度：73（74，75.5，78，79.5）cm
上臂围：35.5（38，40.5，44.5，47）cm

使用材料和工具

- **原版线材**
50g/团（约125m）的Classic Elite Yarns Soft Linen纱线（成分：棉/亚麻/羊驼毛），色号#2249 海蓝色，9（10，11，12，13）团(2)
- **替代线材**
50g/团（约125m）的Rowan Alpaca Soft DK纱线（成分：羊毛/羊驼毛），色号#217 藏蓝色，9（10，11，12，13）团(2)
- 6号（4mm）棒针，或任意能够符合密度的针号
- 6号（4mm）环形针，长度90cm
- 记号扣

密度

- 图表1中花样10cm×10cm面积内：18针×32行（用4mm棒针）
- 图表3中花样10cm×10cm面积内：17针×28行（用4mm棒针）

请务必花时间核对密度

注意

这件衣服下方的蕾丝花样是挑起已经完工的衣身前片、后片和袖子边缘向下编织而成的，边缘不包含在图解里

摄影·露丝·卡拉翰

后片

起83（89，95，101，107）针

开始编织图表1

行1（反面行）：2上针（作为边针），放置记号扣，上针织到最后2针前，放置记号扣，2上针（作为边针）
行2（正面行）：2下针（作为边针），滑过记号扣，织图表1行2的第1针，织6针1组的花样12（13，14，15，16）次，织图表的最后6针，滑过记号扣，2下针（作为边针）
继续按照这个模式编织图表1，直至完成48行（或6次8行1组的重复花样）
织7行下针

开始编织图表2

按如下方法从图表2的行2开始
图表行2（正面行）：2下针，滑过记号扣，织图表2行2的前3针，织6针1组的花样12（13，14，15，16）次，织图表的最后4针，滑过记号扣，2下针
继续按照这个模式编织图表2，直至完成50行（或5次10行1组的重复花样）
织7行下针，在最后一次织反面行的时候在中间加1针【84（90，96，102，108）针】

开始编织图表3

按如下方法从图表3的行2开始
图表行2（正面行）：2下针，滑过记号扣，织图表3行2的第1针，织6针1组的花样13（14，15，16，17）次，织图表的最后1针，滑过记号扣，2下针
继续不加不减编织图表3，直至图表3的18行都已完成
此时，织物从开始位置测量大约43cm

袖窿塑形

注意：当按照图表3的花样进行袖窿塑形时，如果针目不够编织孔眼蕾丝花样了，就不需要再做2针下针这样的边针，而是改为织平针
在接下来的2行起始位置各收掉5针
减针行（正面行）：1下针右上2针并1针，按花样织到最后2针前，1下针左上2针并1针
接下来继续每隔1行重复1次上述减针行，再重复5（7，9，11，13）次【62（64，66，68，70）针】
继续不加不减编织直至袖窿测量长19（20.5，21.5，24，25.5）cm
在最后一次反面行，放置记号扣标记中间的12（12，12，14，14）针

颈部和肩部塑形

下一行（正面行）：收5（6，5，5，6）针，织到中间标记针，加入1团新线，收掉中间的12（12，12，14，14）针，织到底
继续肩部塑形，在下一个反面行开始处收掉5（6，5，5，6）针，重复2次，与此同时，在领窝位置收掉5针，重复2次

左前片
起41（47，47，53，53）针

开始编织图表1
行1（反面行）：2上针（作为边针），放置记号扣，上针织到最后2针前，放置记号扣，2上针（作为边针）
行2（正面行）：2下针（作为边针），滑过记号扣，织图表行2的第1针，织6针1组的花样5（6，6，7，7）次，织图表的最后6针，滑过记号扣，2下针（作为边针）
继续按照这个模式编织图表1，直至完成48行（或6次8行1组的重复花样）
织7行下针

开始编织图表2
按如下方法从图表2的行2开始
图表行2（正面行）：2下针，滑过记号扣，织行2的前3针，织6针1组的花样5（6，6，7，7）次，织图表的最后4针，滑过记号扣，2下针
继续按照这个模式编织图表2，直至完成50行（或5次10行1组的重复花样）
织7行下针，在最后一次织反面行的时候在中间加1针【42（48，48，54，54）针】

开始编织图表3
按如下方法从图表3的行2开始
图表行2（正面行）：2下针，滑过记号扣，织行2的第1针，织6针1组的花样6（7，7，8，8）次，织图表的最后1针，滑过记号扣，2下针
继续不加不减编织图表3，直至织物从开始位置测量大约38cm

颈部塑形
减针行（正面行）：按花样织到最后2针前，1下针左上2针并1针
在这一行放置记号扣标记颈部塑形开始的位置
每4行重复减针行，再重复15（16，15，14，14）次，之后每隔1行重复减针行，再重复0（2，0，5，2）次，与此同时，当长度和后背到袖窿长度一致时，开始按照如下方法编织：

袖窿塑形
下一行（正面行）：收掉5针，织到底
继续颈部塑形，在每个正面行的开始位置用1针下针右上2针并1针的方式进行袖窿边减针，重复6（8，10，12，14）次。在所有的塑形结束之后，不加不减织剩余16（16，17，17，18）针，直至袖窿测量长19（20.5，21.5，24，25.5）cm

肩部塑形
袖窿边位置收5（6，5，5，6）针1次，之后5（5，6，6，6）针2次

右前片
用和左前片相反的方式塑形

袖子
起35（41，41，47，47）针

开始编织图表2
行1（反面行）：2上针（作为边针），放置记号扣，上针织到最后2针前，放置记号扣，2上针（作为边针）
行2（正面行）：2下针（作为边针），滑过记号扣，织图表2行2的前3针，织6针1组的花样4（5，5，6，6）次，织图表的最后4针，滑过记号扣，2下针
继续按照这个模式编织图表2，直至完成40行（或4次10行1组的重复花样）
织7行下针
下一行（正面行）：织1行下针，在这一行均匀加7针【42（48，48，54，54）针】

开始编织图表3
图表行1（反面行）：2上针，放置记号扣，上针织到最后2针前，放置记号扣，2上针
图表行2（正面行）：2下针，滑过记号扣，织图表3行2的第1针，织6针1组的花样6（7，7，8，8）次，织图表的最后1针，滑过记号扣，2下针
按图表继续织3行
加针行（正面行）：2下针，滑过记号扣，加1针，织到下一个记号扣，加1针，滑过记号扣，2下针
每8行重复加针行，再重复6（6，0，0，0）次，之后每6行重复加针行，再重复3（2，10，10，12）次【62（66，70，76，80）针】
不加不减编织直至织物从开始处测量达到42（42，42，42.5，42.5）cm

袖山塑形
注意：当按照图表3的花样进行袖山塑形时，如果针目不够编织孔眼蕾丝花样了，就不需要再做2针下针这样的边针，而是改为织平针
在接下来的2行起始位置各收掉5针
减针行（正面行）：1下针右上2针并1针，按花样织到最后2针前，1下针左上2针并1针
接下来继续每隔1行重复1次上述减针行，再重复15（17，19，22，24）次，收针

袖边修饰
从正面沿袖边起针处挑35（41，41，47，47）针
网眼行（正面行）：1下针，*空挂1针，1下针左上2针并1针，1下针；从*开始重复至最后1针前，1下针
织1行上针，织4行下针，收针

收尾
在反面轻柔定型织物至理想尺寸
缝合肩线，定位袖窿和袖山，如有需要适当调整位置，缝合袖子，缝合侧身

下边缘网眼
使用环形针，从正面沿左前片、后片、右前片的边缘（大约1针对1针的比例）挑起158（176，182，200，206）针
行1~3：织下针
网眼行4（正面行）：1下针，*空挂1针，1下针左上2针并1针，1下针；从*开始重复至最后1针前，1下针
行5：织1行上针
行6~9：织下针
行10和11：重复行4和行5
下针再织8行，【重复行4和行5，织4行下针】2次
收针

前片边缘网眼

使用环形针，从正面挑起95针直到颈部记号扣标记位置，滑过记号扣，挑起50（52，55，59，62）针到肩部，后颈部42（41，41，45，45）针，50（52，55，59，62）针到颈部记号扣标记位置，滑过记号扣，95针到底【332（335，341，353，359）针】

用同样的方法编织下边缘。在所有的正面行起伏针上（不包括网眼行），在颈部第1个记号扣之后加1针，第2个记号扣之前加1针，并将加出来的针目融合进网眼花样里。收针

藏好线头

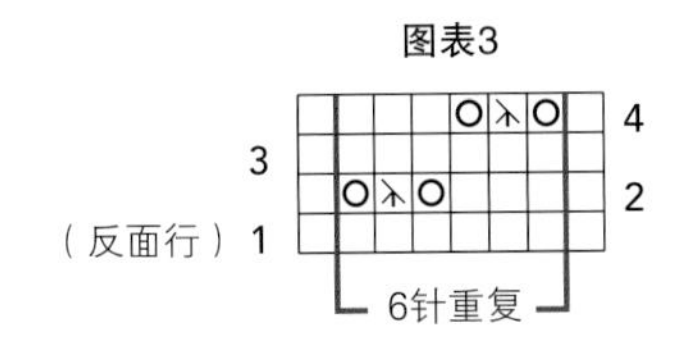

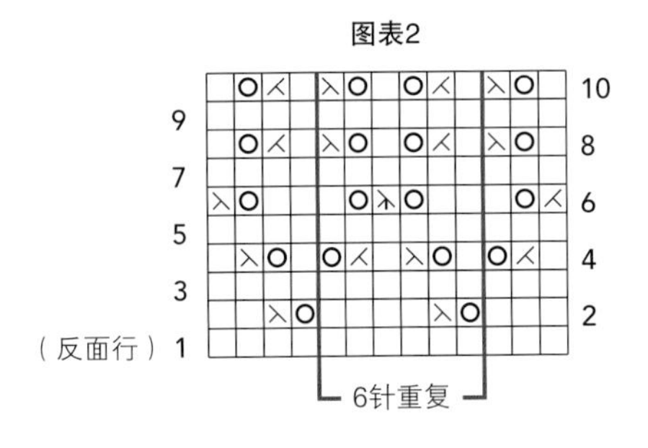

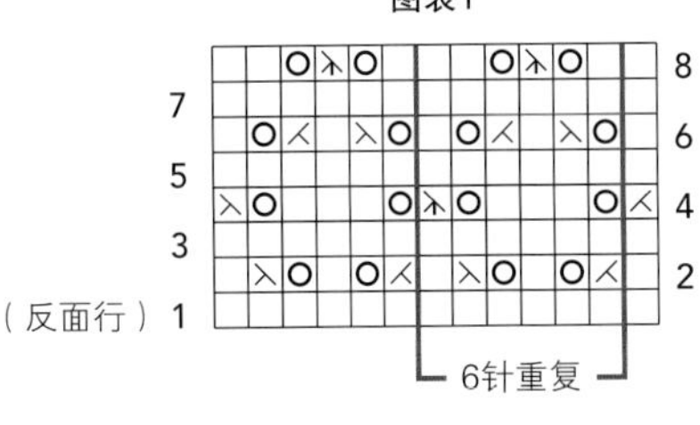
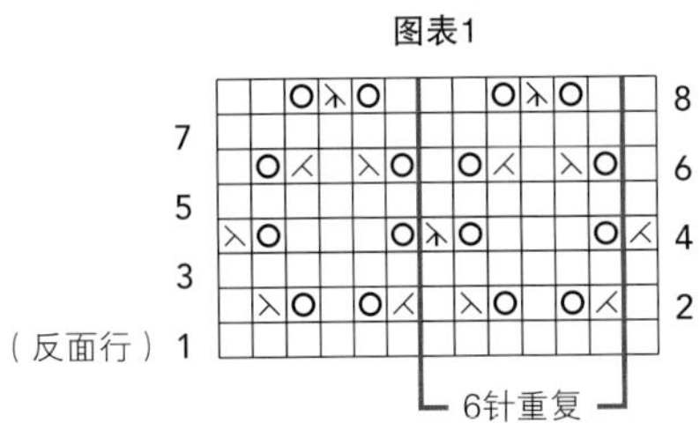

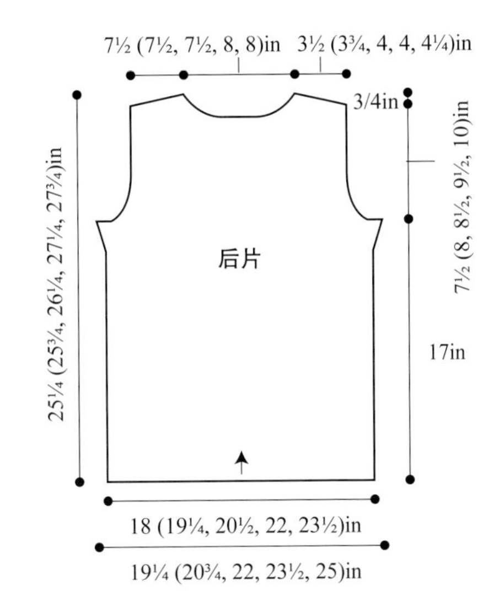

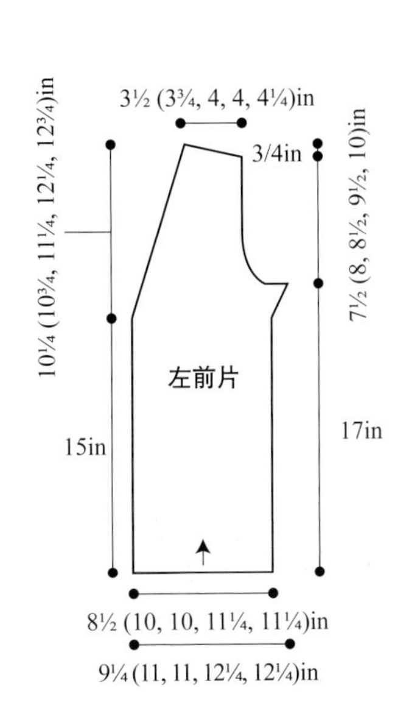

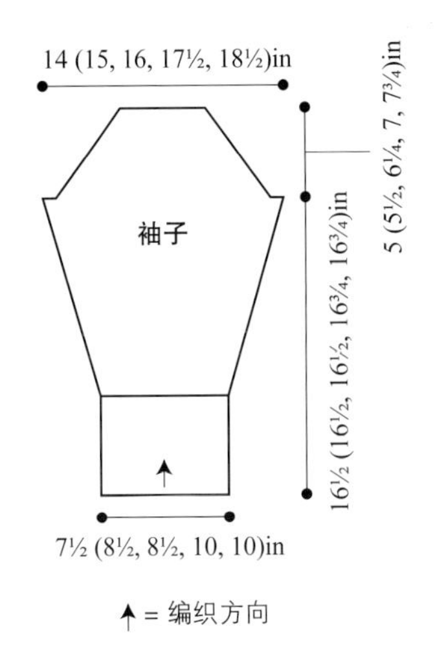

↑ = 编织方向

图例解释

□ 正面下针，反面上针

空挂1针（yo）

下针左上2针并1针（k2tog）

下针右上3针并1针（SK2P）

下针右上2针并1针（ssk）

钻石花样镶边开衫

萨拉·哈顿的这件作品先分片织最后缝合。作为这件经典开衫的装饰，提前把小珠子穿在线上，用滑针编织进去，在腰襟、袖边和V领边用以强调蕾丝主题。

编织难度

■■■□

尺码

小码（中码，大码，加大码，2X加大码），图中展示的为小码

尺寸测量

胸围： 83（93.5，103.5，113，123）cm
长度： 54.5（56，57，58.5，59.5）cm
上臂围： 34.5（36，38，40，42）cm

使用材料和工具

- **原版线材**
50g/绞（约130m）的Rowan Pure Linen纱线（成分：亚麻），色号#399 蓝色，5（6，7，8，8）绞 3
- **替代线材**
50g/团（约150m）的Katia Lino纱线（成分：亚麻），色号#19 浅牛仔蓝色，5（6，7，7，8）团 3
- 3号（3.25mm）和5号（3.75mm）棒针各1副，或任意能够符合密度的针号
- 5枚直径25mm纽扣
- 102（113，123，134，144）颗Rowan/Swarovski Classic Crystal水晶珠，直径6mm规格，色号#9825101-0008 Aquamarine
- 记号扣
- 环形针

密度

图表1中花样10cm×10cm面积内：21针×28行（用大号棒针）
请务必花时间核对密度

注意

在前、后片最后一次重复行15的时候，不要放置小珠子

摄影：露丝·卡拉翰

编织术语

放置小珠子： 持线在前，将事先穿在线上的小珠子滑落到右棒针刚刚织好的那一针前，滑下一针，把线放回针上后，继续编织接下来的一针

珠子

提前把小珠子穿在线上：
后片： 37（42，47，52，57）颗
左前片/右前片： 17（20，22，25，27）颗
袖边： 1颗
领边： 29（29，30，30，31）颗

后片

用小号棒针，起83（93，103，113，123）针
行1（正面行）： *1下针，1上针；从*开始重复到底
行2： 1上针，*1下针，1上针；从*开始重复到底
再重复4次以上2行1下针、1上针的单罗纹针
换成大号棒针

开始编织图表1

行1（正面行）： 织到重复线位置，织10针1组的花样7（8，9，10，11）次，织图表剩余部分直至结束
继续按照这个模式编织图表直至织完行16
然后再重复2次行5~16
接下来织1行下针，按平针模式编织（正面织下针，反面织上针），直至织物从开始位置测量达到35.5cm，以反面行结束

袖窿塑形

在接下来的2行，每行的开头收5（5，6，7，8）针
减针行（正面行）： 2下针，1下针右上2针并1针（用SKP的方式），下针织到最后4针前，1下针左上2针并1针，2下针（减了2针）
以每隔1行重复减针行的频率，再重复3（5，7，8，9）次【65（71，75，81，87）针】
继续织平针直至袖窿测量长度达到18（19，20.5，21.5，23）cm，以反面行结束
标记正中间的27（29，31，33，35）针

颈部和肩膀塑形

行1（正面行）： 收7（8，9，10，11）针，下针织到中间标记针的位置，加入第2团线，收掉中间的27（29，31，33，35）针，下针织到底
行2（反面行）： 收7（8，9，10，11）针，下针织到第1片的最后；收掉第2片开始领窝位置的4针，下针织到底
行3： 收8（9，9，10，11）针；收掉第2片开始领窝位置的4针，下针织到底
行4： 收8（9，9，10，11）针

左前片

用小号棒针，起42（48，52，58，62）针

行1（正面行）： *1下针，1上针；从*开始重复到底

再重复9行这种1下针、1上针的单罗纹针，在最后一行加1（0，1，0，1）针【43（48，53，58，63）针】

换成大号棒针

开始编织图表1

仅针对小码、大码和2X加大码

行1（正面行）： 织到重复线位置，织10针1组的花样3（4，5）次，织图表剩余部分直至结束

仅针对中码和加大码

注意： 在行9，在第1次重复的第1针，将原本的右上3针并1针织成左上2针并1针

行1（正面行）： 1下针（下针作为边针），从重复线位置开始，织10针1组的花样4（5）次，织图表剩余部分直至结束

针对所有尺码

继续按照这个模式编织图表直至织完行16

然后再重复2次行5~16

接下来织1行下针，按平针模式编织（正面织下针，反面织上针），直至织物从开始位置测量达到30.5（31.5，33，34.5，34.5）cm，以反面行结束

颈部和袖窿塑形

注意： 袖窿和颈部塑形是同时进行的，在继续编织之前请先通读一遍

颈部减针行（正面行）： 下针织到最后4针前，1下针左上2针并1针，2下针（减了1针）

以每隔1行重复颈部减针行的频率，再重复10（11，12，13，14）次；之后再每4行重复1次减针行，重复8次，与此同时，当织物从开始位置测量长度达到35.5cm时，以反面行结束并开始按照如下方法进行袖窿塑形：

在下一行开始位置收5（5，6，7，8）针。织1行反面行

减针行（正面行）： 2下针，1下针右上2针并1针（用SKP的方式），下针织到底（减了1针）

在袖窿侧每隔1行重复减针行，再重复3（5，7，8，9）次【袖窿塑形完成后针数为15（17，18，20，22）针】

继续织平针直至袖窿测量长度达到18（19，20.5，21.5，23）cm，以反面行结束，一次性按如下方法收针：袖窿侧一次收7（8，9，10，11）针，领边侧一次收7（8，9，10，11）针

右前片

用小号棒针，起42（48，52，58，62）针

行1（正面行）： *1上针，1下针；从*开始重复到底

再重复9行这种“1下针，1上针”的单罗纹针，在最后一行加1（0，1，0，1）针【43（48，53，58，63）针】

换成大号棒针

开始编织图表1

仅针对小码、大码和2X加大码

行1（正面行）： 织到重复线位置，织10针1组的花样3（4，5）次，织图表剩余部分直至结束

仅针对中码和加大码

注意： 在行9，在最后一次减针时，将原本的右上3针并1针织成右上2针并1针

行1（正面行）： 织到重复线位置，织10针1组的花样4（5）次，2下针（下针作为边针）

针对所有尺码

继续按照这个模式编织图表直至织完行16

然后再重复2次行5~16

接下来织1行下针，按平针模式编织（正面织下针，反面织上针），直至织物从开始位置测量达到30.5（31.5，33，34.5，34.5）cm，以反面行结束

颈部和袖窿塑形

注意： 袖窿和颈部塑形是同时进行的，在继续编织之前请先通读一遍

颈部减针行（正面行）： 2下针，下针右上2针并1针（用SKP的方法），下针织到底（减了1针）

以每隔1行重复颈部减针行的频率，再重复10（11，12，13，14）次；之后再每4行重复1次减针行，重复8次，与此同时，当织物从开始位置测量长度达到35.5cm时，以反面行结束并开始按照如下方法进行袖窿塑形：

在下一行开始位置收5（5，6，7，8）针

减针行（正面行）： 下针织到最后4针前，1下针左上2针并1针，2下针（减了1针）

在袖窿侧每隔1行重复减针行，再重复3（5，7，8，9）次【袖窿塑形完成后针数为15（17，18，20，22）针】

继续织平针直至袖窿测量长度达到18（19，20.5，21.5，23）cm，以正面行结束，一次性按如下方法收针：袖窿侧一次收7（8，9，10，11）针，领边侧一次收7（8，9，10，11）针

袖子

用小号棒针，起47（47，51，51，53）针，像织后片一样织6行1下针、1上针的单罗纹针

换大号棒针

以下针行开始，织2行平针

开始编织图表2

行1（正面行）： 18（18，20，20，21）下针，放置记号扣，织11针图表2，放置记号扣，下针织到底

继续按照这个模式编织图表2直至织完行16，然后继续按照平针编织，与此同时，在下一个正面行的两端各加1针，然后在每个第6（6，6，4，4）行两端各加1针，重复8（13，13，5，8）次，然后在每个第8（0，0，6，6）行两端各加1针，重复3（0，0，10，8）次【71（75，79，83，87）针】

继续不加不减按平针织，直至织物从开始处测量达到33（34.5，34.5，35.5，35.5）cm，以反面行结束

袖山塑形

在接下来的2行开始位置收5（5，6，7，8）针

减针行（正面行）：2下针，1下针右上2针并1针（用SKP的方法），下针织到最后4针前，1下针左上2针并1针，2下针（减了2针）

按每隔1行重复减针行的频率，再重复3（5，7，8，9）次

织1行反面行

在接下来6行开始位置每次收掉7针

收掉剩余的11（11，9，9，9）针

收尾

藏好线头，按尺寸定型，缝合肩线，缝合袖子，缝合侧身和袖子的接缝

领边

织物正面对着自己，用环形针，从右前片底边到颈部塑形开始位置，沿右前片挑75（77，81，85，85）针，放置记号扣，沿右领边挑55（55，55，55，57）针，沿后领挑35（37，39，41，43）针，沿左领边挑55（55，55，55，57）针，放置记号扣，沿左前片边到左底边挑75（77，81，85，85）针【295（301，311，321，327）针】

行1（反面行）：1上针，*1下针，1上针；从*开始重复织到底

行2（正面行）：织单罗纹针直到第1个记号扣位置，滑过记号扣，按单罗纹针织2（3，2，3，3）针，【放置小珠子，4针单罗纹针】28（28，29，29，30）次，放置小珠子，单罗纹针织到底

织1行反面行（单罗纹针）

在这一行开纽扣孔（正面行）：按单罗纹针织3（5，3，5，5）针，【1下针左上2针并1针，空挂1针，按单罗纹针织14（14，16，16，16）针】4次，1下针左上2针并1针，空挂1针，单罗纹针织到底

再按照单罗纹针织3行，按针型收针

在左前片和纽扣孔对应位置缝上纽扣

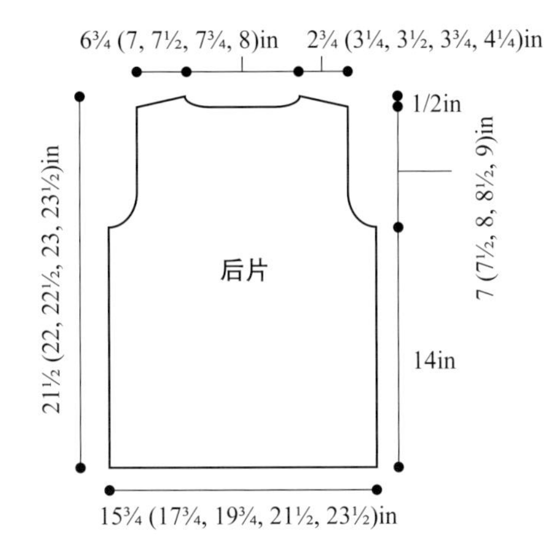

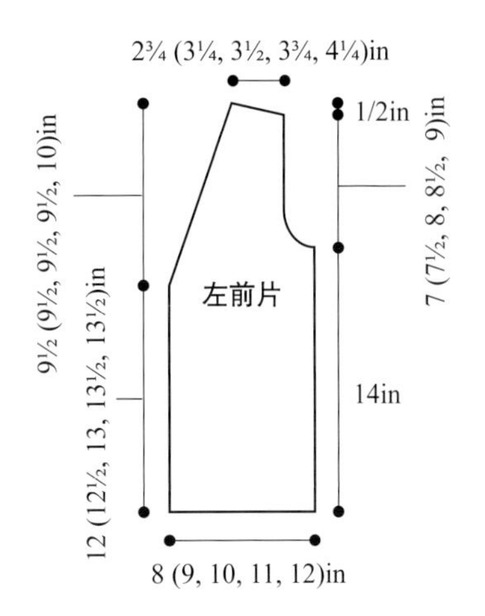

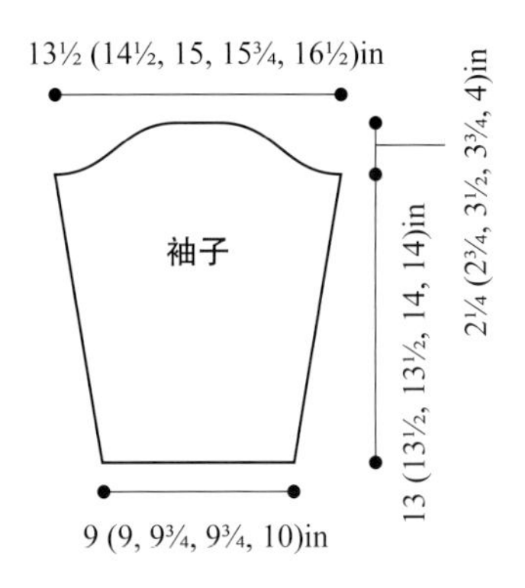

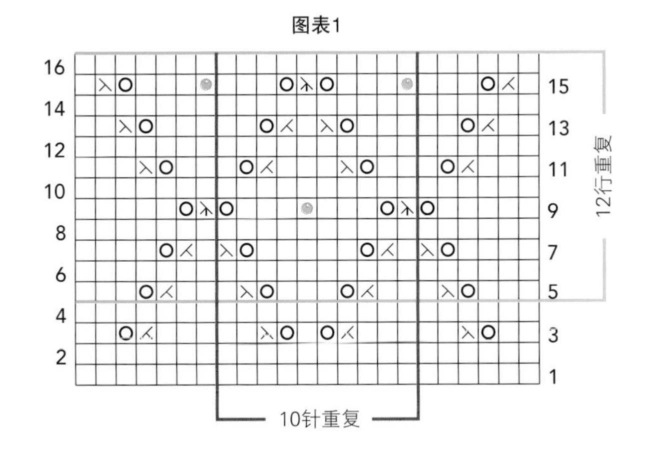

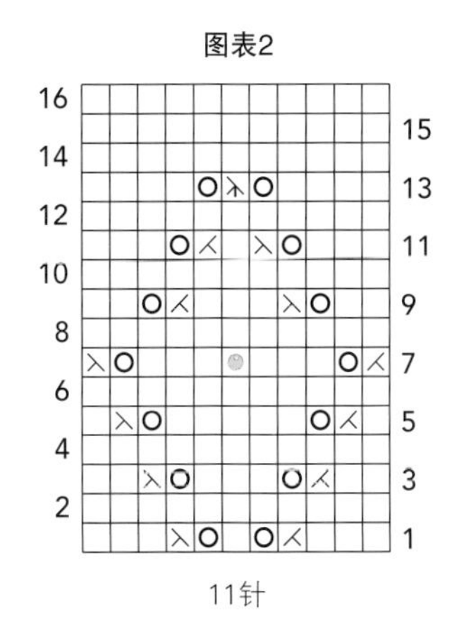

图例解释

- □ 正面下针，反面上针
- 下针左上2针并1针（k2tog）
- 下针右上2针并1针（ssk）
- 空挂1针（yo）
- 右上3针并1针（SK2P）
- 放置小珠子

串珠月牙形披肩

阿尼肯·阿利设计的这条披肩由3层缀有小珠子的蕾丝花样组成，长度到手肘位置，是一条轻薄的多用途披肩。编织时放置的小珠子，让这条披肩颇具垂感。

编织难度

尺寸测量

宽度（一端到另一端）： 大约193cm
长度（从中心位置测量）： 大约51cm

使用材料和工具

- 25g/团（约175m）的Zealana Air纱线（成分：山羊绒/貂线/真丝），色号#A15 灰色，4团
- 5号（3.75mm）环形针，100cm长度，或任意能够符合密度的针号
- 15号（0.5mm）金属钩针
- 记号扣
- 大别针
- 1900颗8号玻璃珠，色号#40 深褐色
- 珠针

密度

按图表编织，10cm×10cm面积内：19针×32行（使用3.75mm环形针）
请务必花时间核对密度

注意

环形针在针目太多时用来替换长直针使用，不要用来圈织

编织术语

放置1颗小珠子： 用钩针将线从珠子孔中钩出，形成的针圈套在左棒针上，接下来继续正常编织下一针

蕾丝收针

2下针，将2针滑回左棒针，2扭下针左上2针并1针，*1下针，将2针滑回左棒针，2扭下针左上2针并1针；从*开始重复到底，收紧最后1针

披肩

起3针
行1： 滑1针，2下针
行2： 持线在前以上针方式滑1针，2上针
再重复2次以上2行

建立行

行1（正面行）： 滑1针，2下针，翻面，沿起针边挑3针，3下针（9针）
行2和所有反面行： 持线在前以上针方式滑1针，1下针，上针织到最后2针前，2下针
行3： 持线在前以上针方式滑1针，1下针，【空挂1针，1下针】5次，空挂1针，2下针（15针）
行5： 持线在前以上针方式滑1针，【1下针，空挂1针】3次，下针织到最后4针前，【空挂1针，1下针】2次，空挂1针，2下针（21针）
行6： 重复行2

开始编织图表1

行1（正面行）： 织到重复线位置，织12针1组的花样1次，继续织图表到底
继续按照这个方法织图表直至织完行24（93针）
再重复3次图表1的行1~24，在这期间，每重复1次，额外织了6次12针重复花样（309针）

开始编织图表2

行1（正面行）： 织到重复线位置，织12针1组的花样25次，继续织图表到底
继续按照这个方法织图表直至织完行24（381针）
再重复1次图表2的行1~24，在这期间，每重复1次，额外织了6次12针重复花样（453针）

开始编织图表3

行1（正面行）： 织到重复线位置，织12针1组的花样37次，继续织图表到底
继续按照这个方法织图表直至织完行12（489针）
用蕾丝收针法收针

收尾

藏好线头，用珠针按尺寸定型

摄影：露丝·卡拉翰

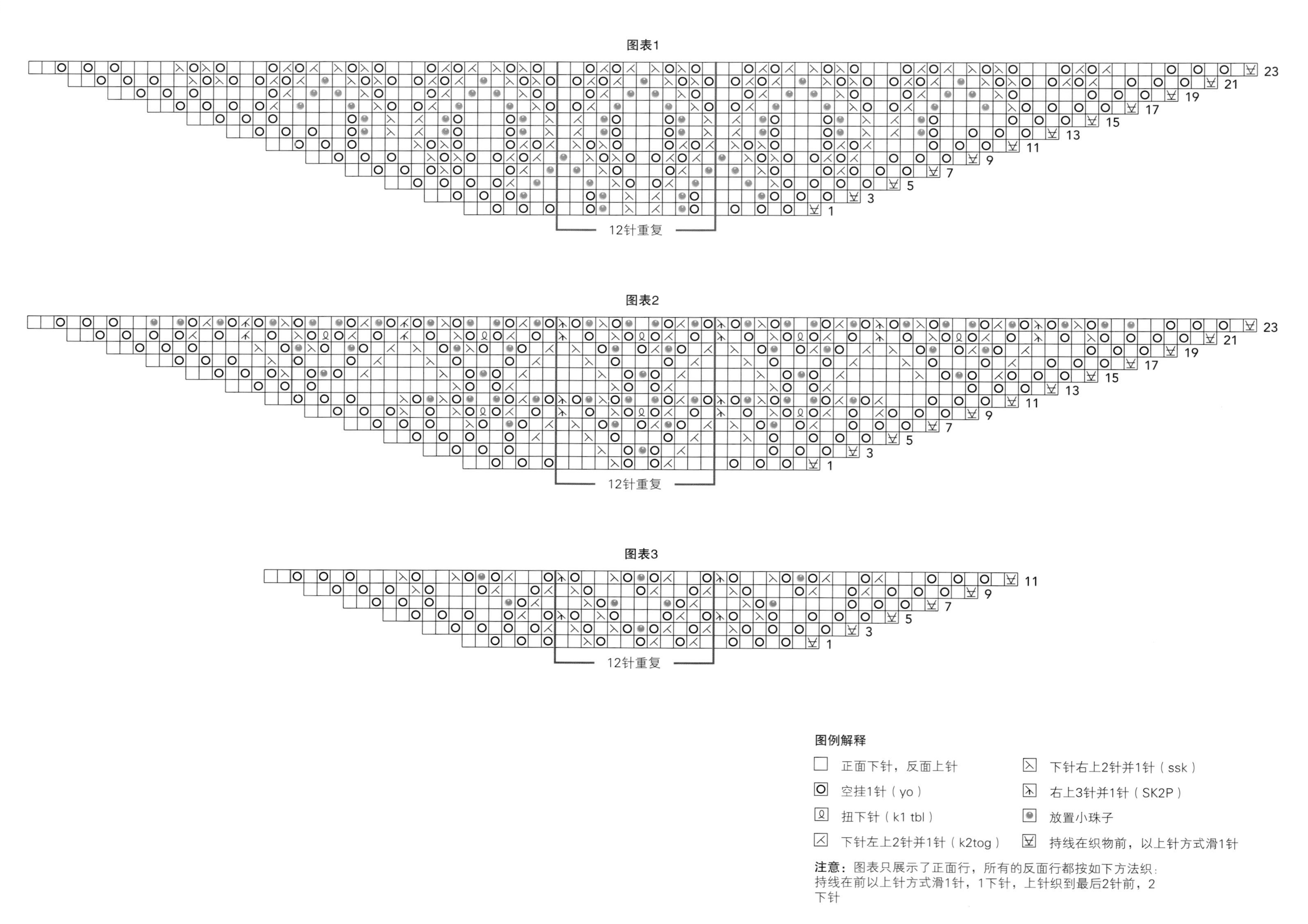

图例解释

- □ 正面下针，反面上针
- O 空挂1针（yo）
- ϱ 扭下针（k1 tbl）
- ⋌ 下针左上2针并1针（k2tog）
- ⋋ 下针右上2针并1针（ssk）
- ⋏ 右上3针并1针（SK2P）
- ● 放置小珠子
- ⊻ 持线在织物前，以上针方式滑1针

注意： 图表只展示了正面行，所有的反面行都按如下方法织：持线在前以上针方式滑1针，1下针，上针织到最后2针前，2下针

树叶花样蕾丝围裹披肩

相信你对风工房的这条满花的树叶花样蕾丝披肩已经十分熟悉了，一系列的空挂针和减针分布在这条宽大的长方形围裹式披肩的两侧。它足够大，可以带给你裹起来的温暖；同时它又足够轻，可以在你脖颈间呈褶皱状垂下。可千万不要低估了它的多用性。

编织难度

尺寸测量

约45.5cm x 152.5cm

使用材料和工具

• 100g/绞（约400m）的Cascade Yarns Heritage Silk纱线（成分：羊毛/真丝），色号#5617 莓红色，3绞 (1)

• 4号（3.5mm）棒针，或任意能够符合密度的针号

密度

按图表编织，10cm x 10cm面积内：28针 x 36行（使用3.5mm棒针）

请务必花时间核对密度

注意

图表中的重复部分在每一个正面行加到18针，在每一个反面行减到17针

披肩

起128针，织4行下针

下一行（反面行）：2上针，1下针，3上针，1下针，【12上针，1下针，3上针，1下针】7次，2上针

开始编织图表

行1（正面行）：织到重复线位置，织17针1组的花样7次，织图表剩余部分到底

继续按这个方法编织图表直至织完行16，然后再重复32次行1~16

织3行下针，收针

收尾

藏好线头，按尺寸定型

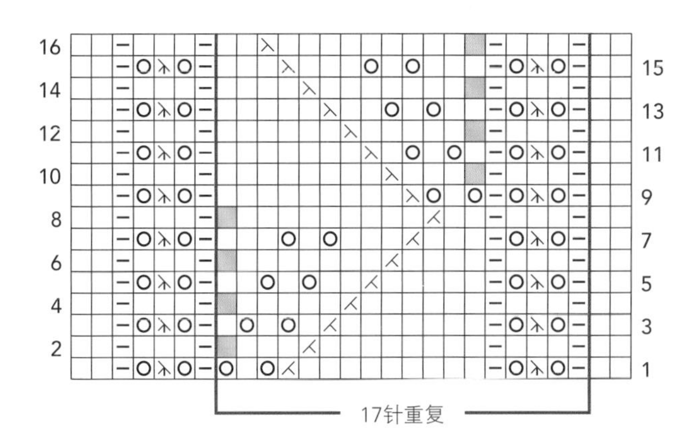

图例解释

□ 正面下针，反面上针

⊟ 正面上针，反面下针

⧅ 正面下针左上2针并1针，反面上针左上2针并1针

⧄ 正面下针右上2针并1针，反面扭上针左上2针并1针

◙ 空挂1针（yo）

⊼ 右上3针并1针（SK2P）

■ 没有针目

摄影：露丝·卡拉翰

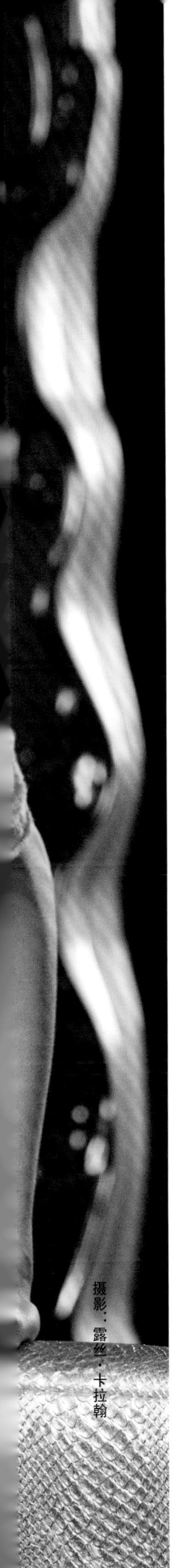

轻薄蕾丝套头衫

6条鲜明的由波点和条纹组成的网眼花样让扎赫拉·杰德·克诺特的这件活泼的短袖套头衫充满惊喜。恰到好处的宽松度搭配上柔和的V领设计，让这件短袖套头衫颇为适合在季节交替的时候穿着。

编织难度

尺码

小码/中码（大码，加大码），图中展示的为小码/中码

尺寸测量

胸围：99（106.5，114）cm
长度：63（64，66.5）cm
上臂围：33（35.5，40.5）cm

使用材料和工具

- 100g/团（约785m）的Ancient Arts Fibre Crafts Lace Weight纱线（成分：超耐洗羊毛），色号#GM01 金黄色，2（2，3）团
- 3号（3.25mm）棒针，或任意能够符合密度的针号
- 记号扣

密度

- 平针10cm×10cm面积内：32针×40行（用3.25mm棒针）
- 网眼花样定型后10cm×10cm面积内：33针×44行（用3.25mm棒针）

请务必花时间核对密度

斜线收针

1）*在收针行的前一行，织到最后1针，留下这一针不织，翻面
2）持线在后，以上针方式将左棒针上的1针滑到右棒针
3）将右棒针上面上一行没有织的那一针直接盖在刚刚滑过的1针上这样就收掉了第1针，继续按照这个方法收掉所需针目，这一行织到底。从*开始重复直到收完所有针目

上针山脊条纹

（适用于任何针数）
行1（正面行）：1行下针
行2：1行下针
行3：1行上针
行4和行5：重复行2和行3
行6：1行上针
以上6行构成了上针山脊条纹

网眼花样1

（3针的倍数+6针）
行1（反面行）：3下针，*空挂1针，滑1针，2下针，将滑过的1针盖过刚才织的2下针；从*开始重复到最后3针前，3下针
行2和所有反面行：织1行上针
行3：5下针，*空挂1针，滑1针，2下针，将滑过的1针盖过刚才织的2下针；从*开始重复到最后4针前，4下针
行5：4下针，*空挂1针，滑1针，2下针，将滑过的1针盖过刚才织的2下针；从*开始重复到最后5针前，5下针
行6：织1行上针
行7~12：重复行1~6

网眼花样2、3、4、6

见图表

网眼花样5

（3针的倍数+6针）
行1（正面行）：3下针，*空挂1针，滑1针，2下针，将滑过的1针盖过刚才织的2下针；从*开始重复到最后3针前，3下针
行2：织1行上针
行3：织1行下针
行4：织1行上针
行5~8：重复1次行1~4
行9和行10：重复行1和行2
以上10行构成了网眼花样5

后片

起162（174，186）针，按平针（正面织下针，反面织上针）织4行
行1（正面行）：2下针，*2上针，2下针；从*开始重复到底
行2：2上针，*2下针，2上针；从*开始重复到底
再重复2次行1和行2这种“2下针，2上针”的双罗纹针

开始编织网眼花样边
*织6行上针山脊条纹
织12行网眼花样1
织6行上针山脊条纹
按照如下方法织网眼花样2：
织图表开始的11针，织4针1组的重复花样37（40，43）次，织图表剩余的3针，继续按照这个方法编织图表直至完成行10
织6行上针山脊条纹
按照如下方法织网眼花样3：
织图表开始的3针，织8针1组的重复花样19（21，22）次，织图表的第12~18（16~18，12~18）针，继续按照这个方法编织图表直至完成行10
织6行上针山脊条纹
按照如下方法织网眼花样4：
从图表的第1（3，1）针开始织，织到重复线位置，织4针1组的重复花样37（41，43）次，织图表的第12~18（12~16，12~18）针，继续按照这个方法编织图表直至完成行10
织6行上针山脊条纹
织10行网眼花样5
织6行上针山脊条纹
按照如下方法织网眼花样6：
织图表开始的3针，织8针1组的重复花样19（21，23）次，织图表的第12~18（16~18，12~18）针，继续按照这个方法编织图表直至完成行10*
重复*与*之间的部分（重复部分1次为98行）直至织物的最后。与此同时，从开始位置测量织物长度达到43cm的时候，对应应该织完了12次上针山脊条纹，外加网眼花样6的行1和行2

袖窿塑形
在接下来的2行开始位置收掉4（5，6）针
减针行（正面行）：3下针，1下针右上2针并1针，按照花样编织直至最后5针前，1下针左上2针并1针，3下针
下一行：4上针，按照花样编织直至最后4针前，4上针
再重复7（8，9）次刚才的2行【138（146，154）针】
继续不加不减编织直至袖窿测量长度达到15（16.5，19）cm
加针行（正面行）：4下针，在花样里1左扭加针，织到最后4针前，在花样里1左扭加针，4下针
继续编织，且在第4行重复加针行1次【142（150，158）针】
继续不加不减编织，直至袖窿测量长度达到17（18.5，21）cm，在最后一行反面行的中间40（44，46）针左右两侧各放置1枚记号扣

肩膀塑形
用斜线收针法，在接下来的2行开头收掉10（8，11）针，之后再在每一侧肩膀位置收9（10，10）针，重复4次。与此同时，在第1个收针行，收掉中间标记的40（44，46）针，一次织过左右两个肩膀，每隔1行在领窝位置收1针，重复5次

前片
按照后片同样的方法编织直至完成12次上针山脊条纹，这时织物从开始处测量长度大约42.5cm

左领窝塑形
注意：在后片领窝塑形之后再织了2行的位置开始，同时进行袖窿塑形
下一行（正面行）：织81（87，93）针，翻面，将右领窝针目暂时休针
下一行（反面行）：收2针，织到底
继续领窝塑形，重复3（4，4）次在领窝处减2针的操作。之后继续并同时开始袖窿塑形，按照如下方法在正面行织领窝的减针行：
减针行（正面行）：织到最后3针前，1下针左上2针并1针，1下针
每隔1行重复减针行，再重复9（9，10）次，之后每4行重复减针行，再重复7次【在所有袖窿减针/加针塑形结束之后，剩余46（48，51）针】
继续不加不减编织直至袖窿长度和后片的袖窿长度一致

肩膀塑形
在袖窿侧收掉10（8，11）针，之后重复4次每次收9（10，10）针的操作

右领窝塑形
在领窝的位置重新加入新线，收掉2针，织到最后
继续在左侧进行袖窿塑形，与此同时，在领窝处每次收2针，再重复3（4，4）次
减针行（正面行）：1下针，1下针右上2针并1针，织到最后
每隔1行重复减针行，再重复9（9，10）次，之后每4行重复减针行，再重复7次
像左领窝一样完工

袖子
起92（100，116）针，按平针织4行
按“2下针，2上针”的双罗纹针织6行
织6行上针山脊条纹
之后继续按照平针编织，在下一行两端各加1针，之后每6行重复这样的加针，再重复5次【104（112，128）针】
继续不加不减编织直至织物从开始处测量长度达到11.5cm

袖山塑形

用斜线收针法，在接下来的2行开头位置收掉4（5，6）针，在接下来2行开头收掉3针，在接下来26行开头收掉2针，最后收掉剩余的38（44，58）针

收尾

按尺寸定型，缝合肩膀

领边

织物正面对着自己，沿左领边缘挑56（60，66）针，放置记号扣，V领的中心挑1针，沿右领边缘挑56（60，66）针，沿后领挑60（64，66）针【173（185，199）针】

行1（反面行）：织1行上针

行2~6织上针山脊条纹，接下来6行织“2下针，2上针”的双罗纹针，与此同时，按照如下方法在每个正面行V领中心针两侧各减1针：

减针行（正面行）：织到V领中心针的1针前，放置新的记号扣，1右上3针并1针（移除旧的记号扣），织到底

在最后一行罗纹织完之后，按照如下方法编织：

下一行（正面行）：下针织到V领中心针的1针前，加1针，1下针，加1针，下针织到底

织1行上针

再重复1次刚才的2行，收针

缝合另外一边的肩膀和领子，缝合袖子，缝合衣身侧缝和袖子接缝，藏好线头，如有需要可进行蒸汽定型

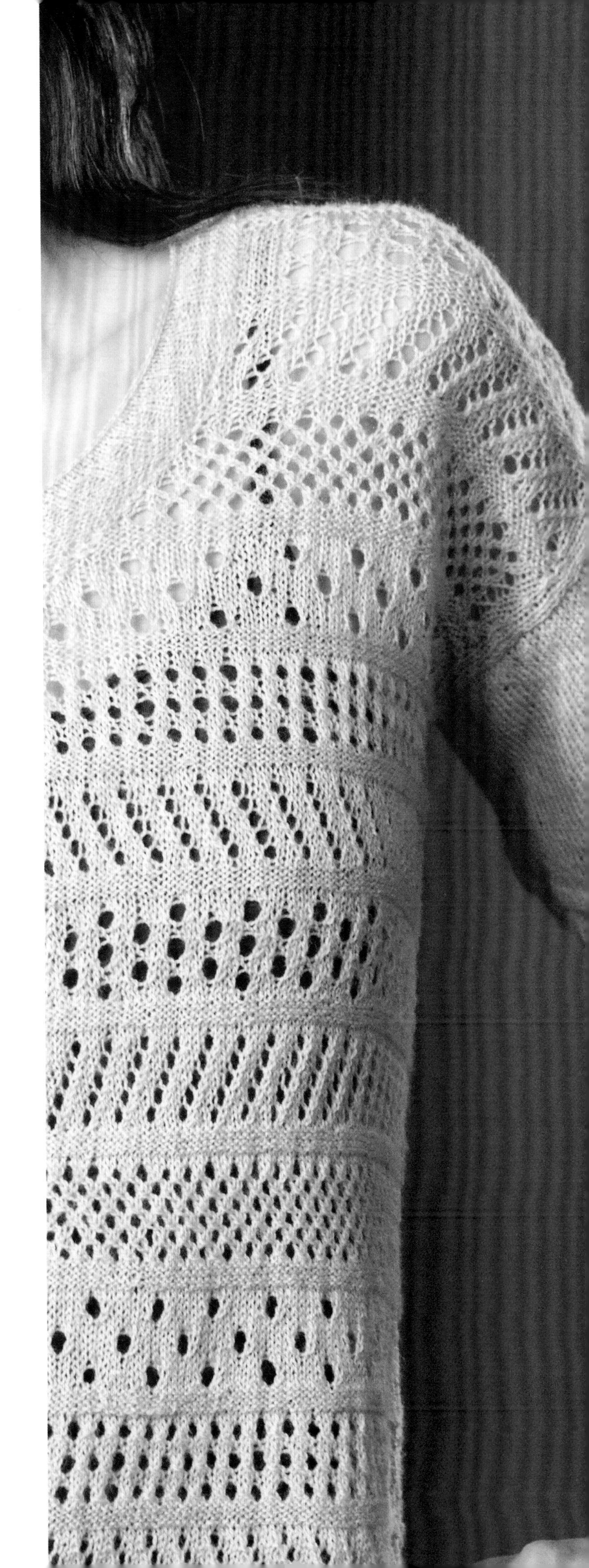

网眼花样2

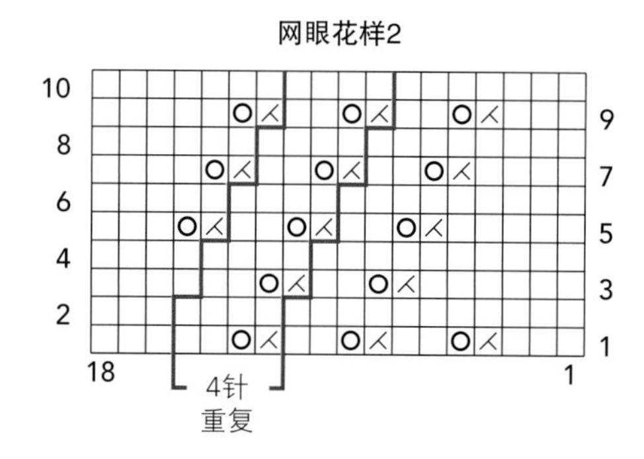

网眼花样3

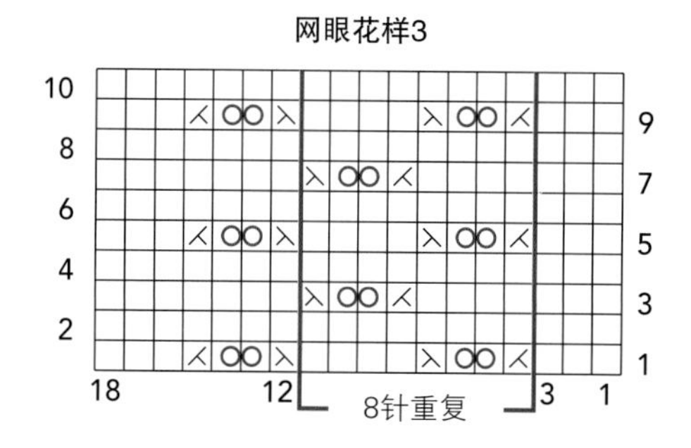

网眼花样4

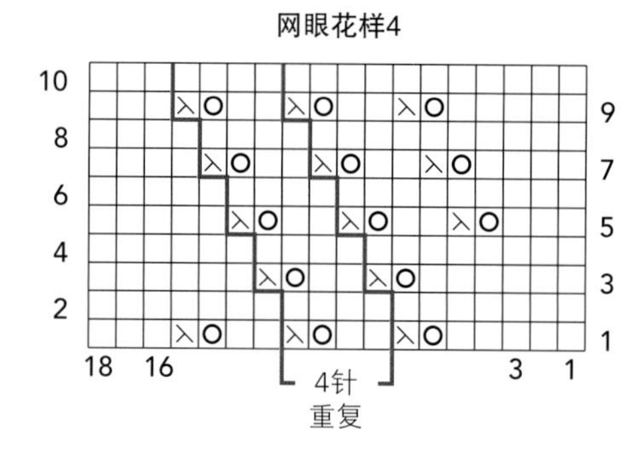

网眼花样6

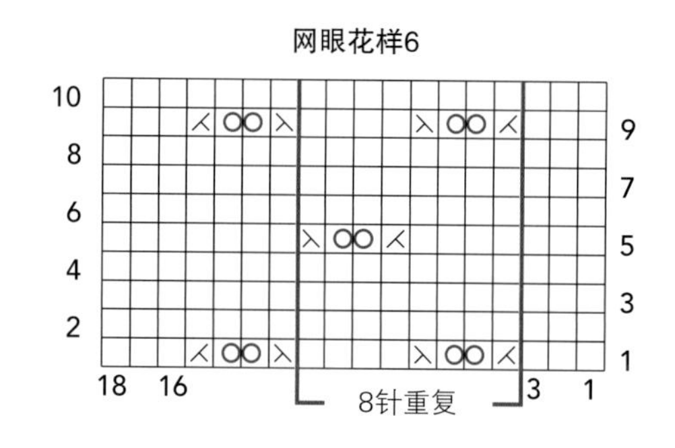

图例解释

- □ 正面下针，反面上针
- ⋌ 下针左上2针并1针（k2tog）
- ⋋ 下针右上2针并1针（ssk）
- O 空挂1针（yo）
- OO 空挂2针*

*在反面行的时候，上针织空挂针的前后两个针圈

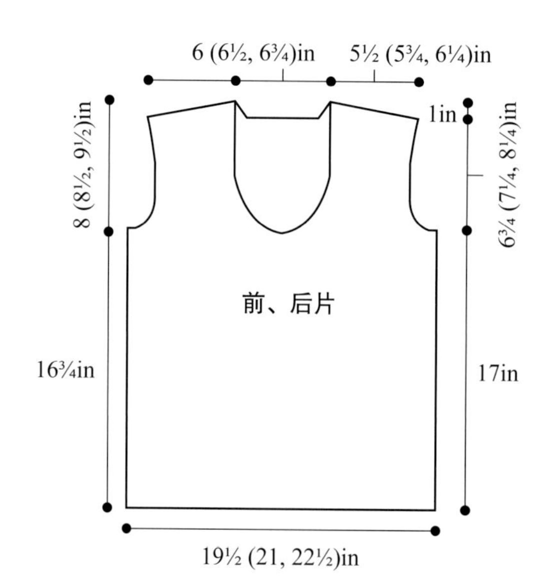

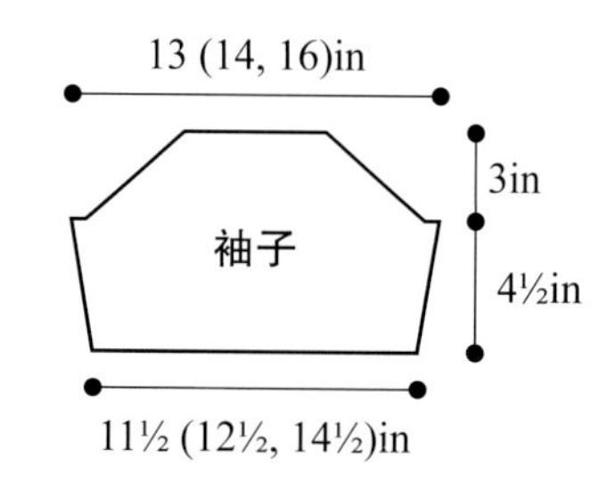

细密网眼套头衫

克里斯蒂娜·麦高恩的这件休闲精致上衣一定会成为你衣橱的必备单品。全身大面积网眼花样从宽宽的低圆领向下铺展，在插肩袖的位置花样断开。宽宽的罗纹袖边给这件优雅的套头衫袖子做了一个很棒的收尾。

编织难度

■■■□

尺码

小码（中码，大码，加大码），图中展示的为小码

尺寸测量

胸围：90（99，109，117）cm
长度：55（58.5，61，63.5）cm
上臂围：32（33，34，35）cm

使用材料和工具

- **原版线材**

50g/团（约164m）的Schulana/Skacel Collection，Inc. Seda-Mar纱线（成分：真丝/尼龙），色号#01白色，6（7，8，9）团 (2)

- **替代纱线**

50g/团（约220m）的Berroco Summer Silk纱线（成分：真丝/棉/尼龙），色号#4001 白色，5（6，7，8）团 (2)

- 6号（4mm）环形针，长度60cm，或任意能够符合密度的针号
- G-6号（4mm）钩针
- 记号扣
- 大别针

密度

未拉伸网眼花样10cm×10cm面积内：18针×40行（使用4mm环形针）
请务必花时间核对密度

注意

这件套头衫从上向下编织，罗纹领口圈织，之后育克部分往返片织。前片、后片和袖子分别单独往返片织

网眼花样

（2针的倍数）
行1：1下针，*空挂1针，1上针左上2针并1针；从*开始重复直至最后1针前，1下针
重复行1来编织网眼花样

领口

起152针，连接形成圈织，注意千万不要扭起。放置圈织起始记号扣
圈1：*1下针，1上针；从*开始重复直至圈尾
重复圈1的“1下针，1上针”的单罗纹针，织2.5cm

摄影·露丝·卡拉翰

开始网眼花样编织和插肩袖塑形

注意：现在开始往返片织育克。在每一行都需要滑过记号扣

行1（正面行）：1下针，放置记号扣，按网眼花样织56针作为后片，放置记号扣，1下针，放置记号扣，按网眼花样织18针作为左袖，放置记号扣，1下针，放置记号扣，按网眼花样织56针作为前片，放置记号扣，1下针，放置记号扣，按网眼花样织18针作为右袖

行2（反面行）：【织网眼花样至记号扣，1上针】4次

继续按照这个方法再织2（6，6，6）行

下一行（加针行）（正面行）：【1下针，在同一针里织（1下针，空挂1针，1下针），织网眼花样至记号扣前1针，在同一针里织（1下针，空挂1针，1下针）】整体重复4次（加了16针）

每4（0，0，0）行重复加针行，重复1（0，0，0）次，之后每12（8，8，8）行重复加针行，重复4（7，9，11）次，将加出来的针目织到花样里【248（280，312，344）针】

不加不减织1行

仅在袖子部分进行加针，每2（4，2，0）行重复加针行，重复3（2，1，0）次【272（296，320，344）针，其中前、后片各80（88，96，104）针，袖子各54（58，62，66）针，4根插肩茎各1针】

不加不减织1（3，3，0）行

用钩针将插肩袖线针目滑过去连接育克，将后片和袖子针目（包括插肩茎的针目）转移到大别针上留针

前片

在接下来的2行开始位置起1针【82（90，98，106）针】

继续按照网眼花样编织直至织物从腋下测量长度达到33cm，以反面行结束

下一行（正面行）：织1行上针

下一行：*1下针，1上针；从*开始重复织到底

重复最后一行的单罗纹针，织2.5cm

松松地收针

后片

将大别针上的80（88，96，104）针转移到棒针上

像前片一样编织直到完工

袖子

注意：每一行都要连带着插肩茎那一针一起编织

将袖子针目和两侧插肩茎的1针转移到棒针上【56（60，64，68）针】

按照网眼花样编织直至袖子从腋下测量长度达到10cm，以反面行结束

下一行在两端各减0（1，1，1）针，之后每0（0，60，40）行重复这样的减针，再重复0（0，1，2）次【56（58，60，62）针】

继续不加不减编织直至袖子从腋下测量长度达到40.5（40.5，42，42）cm，以反面行结束

下一行（正面行）：织1行上针，在这一行均匀减14针【42（44，46，48）针】

下一行：*1下针，1上针；从*开始重复到底

重复最后一行的单罗纹针，织10cm

松松地收针

收尾

缝合衣身侧缝和袖缝，藏好线头

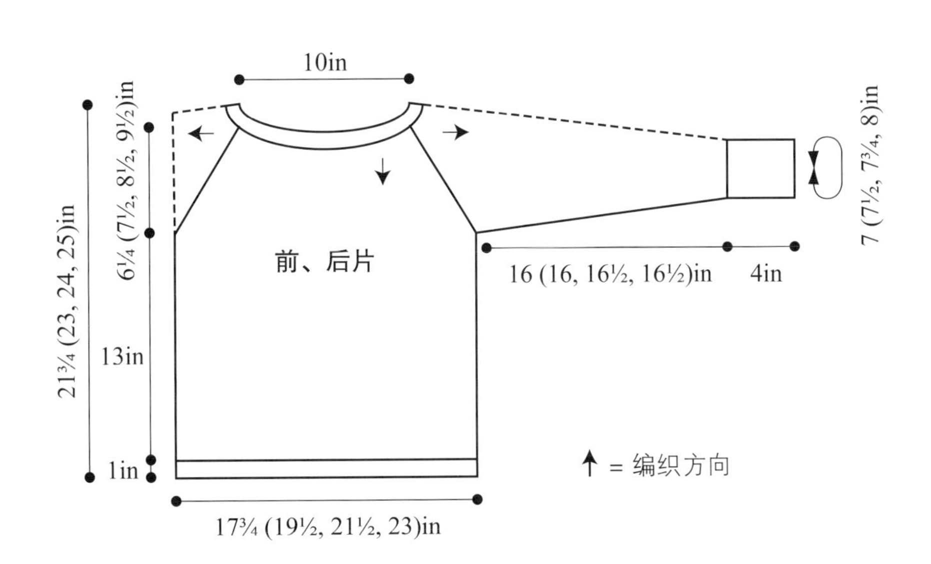

波浪蕾丝围巾

韦·维尔金斯魔法般地将简单减针和空挂针组成的重复花样变成了孔眼波浪形成的海洋。无论是在冬天作为外套的搭配还是作为日常配饰随意地缠绕颈间，这条围巾都能完美增添暖意。

编织难度

■■□□

尺寸测量

宽度： 20.5cm

长度： 165cm

使用材料和工具

- 50g/绞（约155m）的Manos del Uruguay Serena纱线（成分：幼羊驼毛/棉），色号#2318 淡绿色，2团 (2)
- 4号（3.5mm）和6号（4mm）棒针，或任意能够符合密度的针号
- 记号扣
- 大别针

密度

按图表编织，10cm×10cm面积内：26针×30行（使用小号棒针）

请务必花时间核对密度

注意

在每个正面行，每8针1组的重复花样加出1针。在每个反面行，每组重复花样减回到8针

围巾

用大号棒针，起52针

换成小号棒针，织1行上针

开始编织图表

行1（正面行）： 2下针（作为边针），织8针1组的花样6次，2下针（作为边针）

继续按照这个模式编织图表，按平针编织边针（正面织下针，反面织上针），织完行12，之后重复行1~12直至织物长度达到165cm，以行6结束。用大号棒针，按1下针、1上针的单罗纹针收针

收尾

藏好线头，按尺寸轻柔定型

图例解释

- □ 正面下针，反面上针
- ⋌ 正面下针左上2针并1针，反面上针左上2针并1针
- ⋋ 正面下针右上2针并1针，反面扭上针左上2针并1针
- ◎ 空挂1针（yo）
- ▨ 没有针目

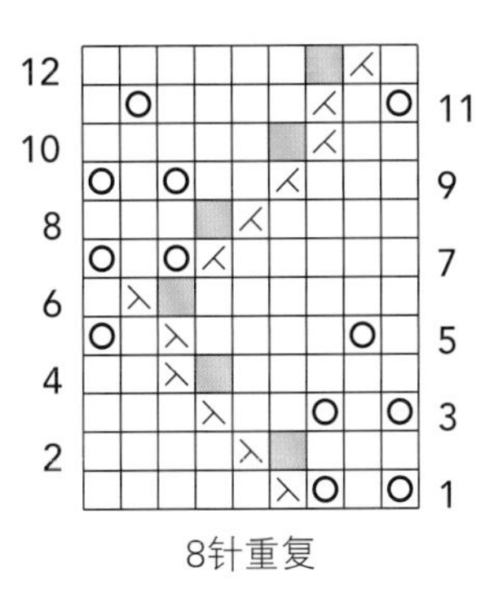

摄影：保罗·阿玛图

斜向编织脖套

卡罗尔·J. 索克斯基的这条休闲脖套令人耳目一新。它是一体圈织而成的，手边的蕾丝花样是受到了植物的启发设计的，树叶条纹两侧缀以起伏针形成的弹性边。

编织难度

■■■□

尺寸测量

一圈：71.5cm

长度：31.5cm

使用材料和工具

• 50g/团（约300m）的Lotus Yarns/Trendsetter Yarn Group Mimi纱线（成分：貂绒），色号#10 绿色，2团(1)

• 4号（3.5mm）环形针，60cm长度，或任意能够符合密度的针号

• 记号扣

密度

蕾丝花样定型后，10cm×10cm面积内：24针×35行（使用3.5mm环形针）

请务必花时间核对密度

脖套

起170针，连接形成圈织，注意针目不要扭起，并放置圈织起始记号扣

按起伏针（1圈下针，1圈上针）织6圈

开始编织蕾丝花样

圈1和所有奇数圈：织1圈下针

加针圈2：*5上针，5下针，1下针右上2针并1针，空挂1针，5下针，【空挂1针，1下针】5次，空挂1针，5下针，空挂1针，1下针左上2针并1针，5下针；从*开始重复直至圈尾（200针）

圈4：*5上针，5下针，1下针右上2针并1针，空挂1针，1下针右上2针并1针，1下针，【空挂1针，1下针】2次，3下针，空挂1针，1下针，空挂1针，3下针，【空挂1针，1下针】2次，1下针，1下针左上2针并1针，空挂1针，1下针左上2针并1针，5下针；从*开始重复直至圈尾

圈6：*5上针，5下针，1下针右上2针并1针，空挂1针，1右上3针并1针，空挂1针，1下针左上2针并1针，空挂1针，5下针，空挂1针，1下针，空挂1针，5下针，空挂1针，1下针右上2针并1针，空挂1针，1右上3针并1针，空挂1针，1下针左上2针并1针，5下针；从*开始重复直至圈尾

减针圈8：*5上针，5下针，1右上3针并1针，空挂1针，1下针左上2针并1针，空挂1针，1下针，空挂1针，1下针右上2针并1针，1下针，1下针左上2针并1针，空挂1针，1右上3针并1针，空挂1针，1下针右上2针并1针，1下针，1下针左上2针并1针，空挂1针，1下针，空挂1针，1下针左上3针并1针，5下针；从*开始重复直至圈尾（180针）

减针圈10：*5上针，6下针，1下针右上2针并1针，空挂1针，3下针，【空挂1针，1右上3针并1针】3次，空挂1针，3下针，空挂1针，1下针右上2针并1针，6下针；从*开始重复直至圈尾（170针）

再重复9次圈1~10

按起伏针织6圈，收针

收尾

藏好线头，按尺寸定型

摄影：露丝·卡拉翰

圆形浮雕婚礼裙

为了庆祝*Vogue Knitting*30周年，尼基·爱泼斯坦设计出了这样一款光芒四射的两片式婚礼裙。紧身的上衣横向编织而成，胸衣前面缀有珍珠作为装饰，后背是极具戏剧性的低挖领，裙身由圆形浮雕织片组成。完美的礼服，给你带来完美的一天。

编织难度

尺码

小码/中码（大码/加大码），图中展示的为小码/中码

尺寸测量

胸围：91.5（101.5）cm
上衣长度：56（58.5）cm
腰围（闭合）：61（76）cm
臀围（和上衣连接处）：83.5（97.5）cm
裙长（腰围边到裙子最低点）：101.5cm

使用材料和工具

- 25g/绞（约285m）的Artyarns Silk Mohair Glitter纱线（成分：马海毛/真丝带金属亮丝），色号#250带银丝的奶白色（A），3（4）绞 1
- 50g/绞（约101m）的Artyarns Beaded Silk & Sequins Light（成分：真丝带玻璃珠），色号#250 带银丝的奶白色（B），3（4）绞 3
- 色号#167 带银丝的米黄色和粉色混合（C），2（3）绞
- 80g/绞（约366m）的Artyarns Ensemble Glitter Light纱线（成分：山羊绒/真丝带金属亮丝），色号#250 带银丝的奶白色（D）和色号#257 带银丝的奶白色（E），各2（3）绞 3
- 5号（3.75mm）棒针，或任意能够符合密度的针号
- 5号（3.75mm）环形针，60cm长度
- 1副5号（3.75mm）双头直针
- 30颗直径8mm仿水晶Swarovski 元素珍珠，色号# 001 620 crystal cream pearl
- 172.5cm缎带作为腰带
- 直径22mm子母扣
- 1.5cm宽松紧带在腰边使用
- 记号扣
- 缝针和线
- 珠针
- 适当针号的钩针

密度

- 用2股A线和1股B线一起织条纹花样，10cm×10cm面积内：20针×38行（用3.75mm棒针）
- 用E线织平针，10cm×10cm面积内：20针×30行（用3.75mm棒针）
- 每一个圆形（多边形近似看作圆形）花样大约直径19cm

请务必花时间核对密度

注意

1）当使用A线时，始终需要2股A线合股织
2）当编织条纹花样时，把不需要用到的颜色从织物另一面拎上来

摄影·保罗·阿玛图

条纹花样

（适用任何针数）

行1（正面行）：2股A线合股织1行下针

行2：织1行上针

短行3：下针织到最后20针之前，包针翻面

短行4：织1行上针

行5和行6：重复行1和行2

行7：用B线，织1行上针

行8：用B线，织1行下针

行9和行10：重复行7和行8

重复以上行1~10构造条纹花样

裙子

腰部

用E线，起166（192）针，按平针织（正面织下针，反面织上针）2.5cm，以反面行结束

下一行（翻折边）（正面行）：织1行上针

继续编织平针，直至织物从翻折边位置开始测量长度达到15cm

收针

沿着翻折边向反面折，之后缝合形成一条空心的腰带边，末端保持敞开，把松紧带穿入这条边中，选你需要的长度，剪断松紧带，将两端缝合

圆形浮雕编织

【用D和C线织17（22）个，用D和B线织3个，用E和B线织13个】

持D和E线，用双头直针，起10针，将针目按4、2、4分在3根针上。连接形成圈织，注意不要扭起。放置圈织起始记号扣

开始编织图表

圈1：按图表编织，1圈重复5次（15针）

继续按照这个方式编织图表直至完成圈22（每次25针重复，一共125针）

用C（B，B）线，织3圈上针，收针

裙子收尾

按照最后一张排列图（见第86页）所示，将所有圆形织片放在一个平面上，在图中所示的绿色双线位置用珠针固定，排布成理想的形状。对于较小的尺码来说，可以忽略标记为红色的织片

注意：为了塑造出底边的波浪线，圆形织片相连的时候需要在不同的位置进行连接

当固定圆形织片的时候，缝合位置5~9cm长

当圆形织片已经连接成片，但尚未连接成圆筒的时候，将最上面的5（6）个圆形织片缝合在裙子的腰上，位置大约是织片和裙子腰重叠5cm

缝合裙子后腰最中间的那个织片，按照缝合图示把整体织片缝合成圆筒状，把子母扣缝合在裙子腰边上，重叠部分大约2.5cm

上衣

前胸衣

用直针和2股A线，起60（62）针

织条纹花样的行5~10，之后织行1~6

加针行7（正面行）：用B线，起40（43）针，上针织到底【100（105）针】

继续按照这个模式编织条纹花样直至完成行10

再重复4（5）次行1~10

左前领窝塑形

下一行（正面行）：用A线，收14针

继续编织花样，每隔1行在领窝处减1针，重复2次【84（89）针】

继续按照花样编织直到行10已经织完了5次

再重复1次行1和行2

右前领窝塑形

继续编织花样，每隔1行在领窝处减1针，重复2次【86（91）针】

行6（反面行）：上针织到底，起14针【100（105）针】

继续按照花样编织直到行10已经又织完了5（6）次

下一行（正面行）：用B线，收40（43）针【60（62）针】

换到A线，继续按照花样编织直至又织完1次行10。用A线，再重复织1次行5和行6，收针

后片

和前片一样的编织方法，织到左前领窝塑形之前的位置

右后领窝塑形

下一行（正面行）：用A线，收50针，织到底

继续按照花样编织，在领窝处收3针，之后每隔1行减1针，减3次【44（49）针】

继续按照花样编织直至又织完了4次行10，再重复1次行1~8

左后领窝塑形

每隔1行在领窝处加1针，重复3次，在领窝处一次性起3针【50（55）针】。不加不减织1行

下一行（正面行）：用B线，起50针，继续按照花样织到底【100（105）针】

继续按照花样编织直至又织完了5（6）次行10

下一行（正面行）：用B线，收40（43）针【60（62）针】

换到A线，继续按花样编织直至又织完1次行10，用A线，再重复织1次行5和行6，收针

袖子

用D和C线，按照裙子的编织方法织2个圆形织片

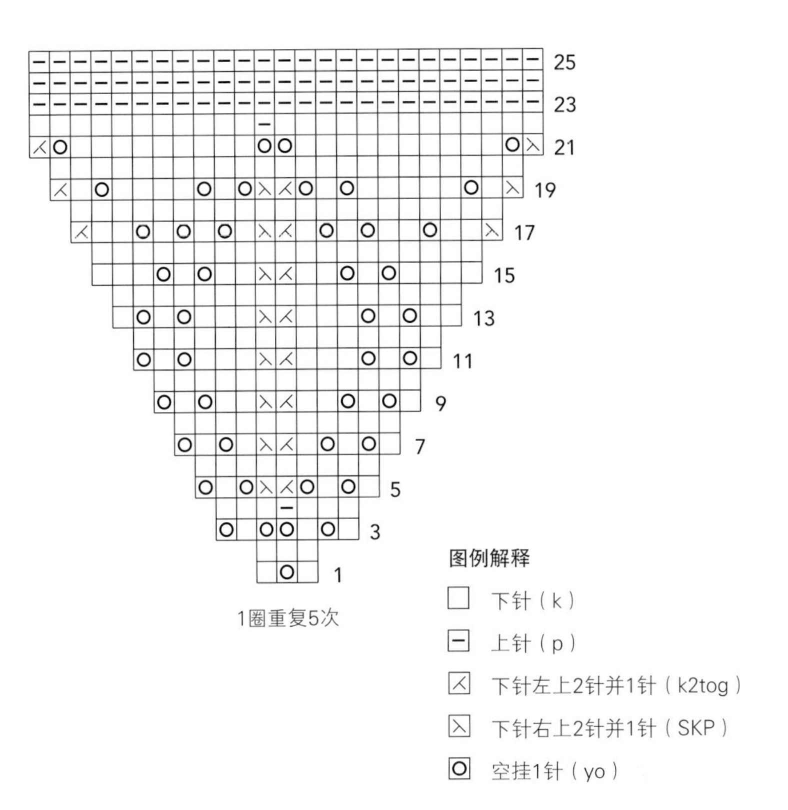

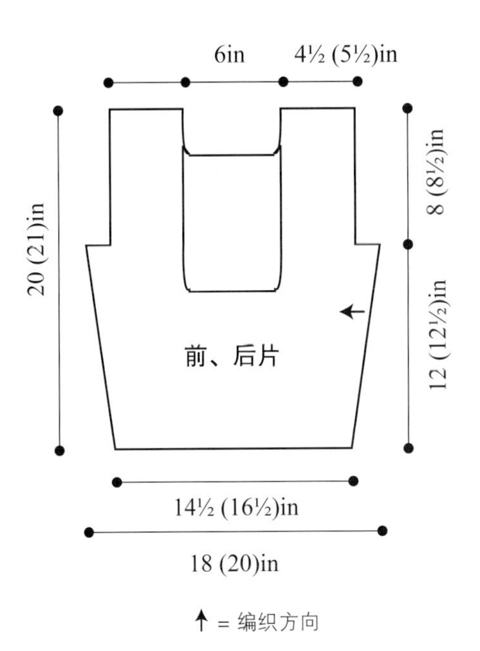

上衣收尾
缝合肩线，缝合袖子，注意这里把圆形织片放在中间，上半个圆的顶部中心和肩线对齐，两侧和胸衣的前后缝合，缝合上衣的侧缝，用钩针和A线在腋下钩1圈引拔针

前领边
用环形针，织物正面对着自己，持A线，沿着领边（每一行的侧边）均匀挑33针。换B线，织条纹花样的行7~10，收针

后领边
用环形针，织物正面对着自己，持A线，用和前领边同样的方法沿着领边（每一行的侧边）均匀挑35针。用A线，把领子的两边末端都固定在织物反面

胸衣边缘
用A线和环形针起178（200）针，按照以下方法编织边缘：
【用C线，织4行平针的反针；用A线，织4行平针】2次
用C线，织4行平针的反针；用A线收针

用A线，从左侧缝处开始把刚刚织好的边缝合在胸衣的下边缘处，将边缘在侧缝处连接缝合，按图片所示位置缝上24颗珍珠

腰带
花朵（用B和C线织3~5朵）
起6针
行1（正面行）：3下针，空挂1针，3下针（7针）
行2和所有反面行（行12除外）：织1行下针
行3：3下针，空挂1针，4下针（8针）
行5：3下针，空挂1针，5下针（9针）
行7：3下针，空挂1针，6下针（10针）
行9：3下针，空挂1针，7下针（11针）
行11：3下针，空挂1针，8下针（12针）
行12：收6针，下针织到底（6针）
再重复4次行1~12，收掉最后剩余的6针
把起针边收紧缝合在一起形成1朵花，在网眼里穿线拉紧来固定花样。在每朵花中间缝1颗珍珠，把花朵缝合在缎带上，系于腰间（见图片所示）

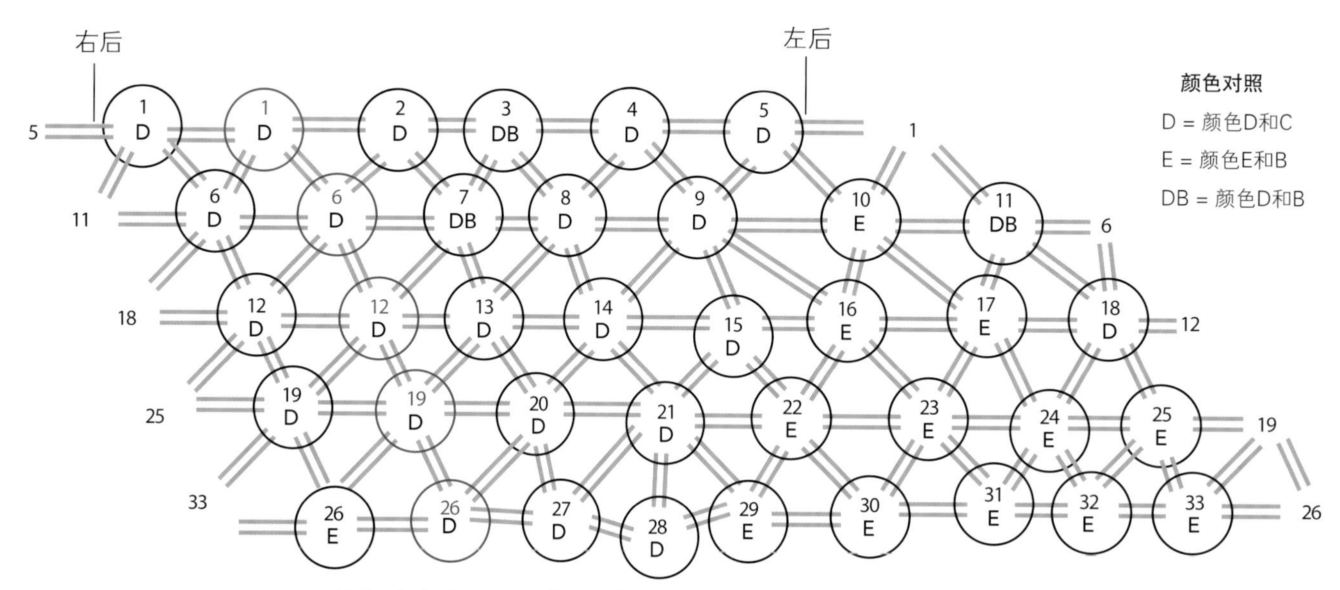

注意：红色圈只适用于大码，对于小码，请忽略这些红色圈

蕾丝罩衫

布鲁克·妮可的这件精致的紧身蕾丝罩衫由多种镂空花样组合而成。主体部分在腰际和底边的两条横向编织的花样之外沿着不同方向扩展开。合身的插肩让胸衣上的雏菊花样轮廓分明，底摆的饰边凸显了这件衣服的设计风格。

编织难度

■■■■

尺码

加小码/小码（中码），图中展示的为加小码/小码

尺寸测量

胸围：75（89）cm

长度：99（101.5）cm

上臂围：33（37）cm

使用材料和工具

• 原版线材

50g/团（约403m）的Classic Elite Yarns Silky Alpaca Lace纱线（成分：羊驼毛/真丝），色号#2471 粉色，5（6）团 1

• 替代线材

50g/团（约400m）的Rowan Fine Lace纱线（成分：羊驼毛/真丝），色号#921 灰粉色，5（6）团 1

• 2号（2.75mm）和5号（3.75mm）环形针，81cm长度，或任意能够符合密度的针号
• 2号（2.75mm）和5号（3.75mm）双头直针
• 记号扣
• 大别针
• 2枚直径20mm纽扣

密度

•（袖子和胸衣）织雏菊花样，定型后10cm×10cm面积内：24针×38行（用小号棒针）
•（裙子）织萱草花样，定型后10cm×10cm面积内：21针×25行（用大号棒针，2股线合股织）
请务必花时间核对密度

编织术语

减4针：5下针，一次性将右棒针上的4针盖过织过的第1针

萱草花样

（以16针的倍数+5针开始，双股一起编织）

行1（正面行）：3下针，*空挂1针，1下针左上2针并1针，空挂1针，【1下针左上2针并1针】3次，2下针，空挂1针，3下针，空挂1针，1下针右上2针并1针，空挂1针，1下针；从*开始重复，以2下针结束

行2：织1行上针

行3：3下针，*空挂1针，1下针左上2针并1针，【1下针左上3针并1针】2次，空挂1针，1下针，空挂1针，2下针，【1下针右上2针并1针，空挂1针】2次，1下针；从*开始重复，以2下针结束

行4：*12上针，1上针左上2针并1针；从*开始重复，以5上针结束

行5：3下针，*空挂1针，1下针左上3针并1针，空挂1针，3下针，空挂1针，2下针，【1下针右上2针并1针，空挂1针】2次，1下针；从*开始重复，以2下针结束

行6、行8、行10：织1行上针

行7：3下针，*空挂1针，1下针左上2针并1针，空挂1针，1下针，空挂1针，2下针，1下针右上2针并1针，空挂1针，2下针，【1下针右上2针并1针，空挂1针】2次，1下针；从*开始重复，以2下针结束

行9：3下针，*空挂1针，1下针左上2针并1针，空挂1针，3下针，空挂1针，2下针，【1下针右上2针并1针】3次，空挂1针，1下针右上2针并1针，空挂1针，1下针；从*开始重复，以2下针结束

行11：3下针，*【空挂1针，1下针左上2针并1针】2次，2下针，空挂1针，1下针，空挂1针，【1右上3针并1针】2次，1下针右上2针并1针，空挂1针，1下针；从*开始重复，以2下针结束

行12：5上针，*1扭上针左上2针并1针，12上针；从*开始重复到底

行13：3下针，*【空挂1针，1下针左上2针并1针】2次，2下针，空挂1针，3下针，空挂1针，1右上3针并1针，空挂1针，1下针；从*开始重复，以2下针结束

行14：织1行上针

行15：3下针，*【空挂1针，1下针左上2针并1针】2次，2下针，空挂1针，1下针左上2针并1针，2下针，空挂1针，1下针，空挂1针，1下针右上2针并1针，空挂1针，1下针；从*开始重复，以2下针结束

行16：织1行上针

重复行1~16塑造萱草花样

蕾丝罩衫

饰边

用大号环形针，持2股线合股编织，松松地起30针作为前片下摆边缘位置

按下针织4行

开始编织图表

按照如下方法，织图表1、2、3作为下摆边：

织1次图表1的行1~24，重复8（10）次图表2的行1~24，然后织1次图表3的行1~24

摄影：露丝·卡拉翰

织4行下针。以下针方式松松地收针
大约从起始的短边测量长度80（94）cm

裙子
正面对着自己，用大号环形针，沿着底摆上边缘（长边），用2股线合股编织，按如下方法挑165（197）针：从起伏针边里挑2针，在10（12）次的树叶花样重复里，每次挑16针，最后在起伏针边里挑3针
在反面行织1行上针

开始编织萱草花样
用大号环形针，2股线合股编织，重复萱草花样10（12）次，织16针1组的花样共6次，以行14作为结束。裙子从边的位置开始测量长度大约38cm
下一行（正面行）：3下针，*【1下针左上2针并1针】2次，7下针，1下针右上2针并1针，1下针；从*开始重复，以1下针右上2针并1针结束【114（136）针】
下一行：收掉3针，上针织到底
下一行（正面行）：收掉3针，之后起19针作为腰围边

开始编织腰围边
行1（正面行）：织图表1的行1，织图表中标记了腰围边部分的那些针目，1下针，之后将腰围边的最后1针和裙子刚才织过的第1针一起，织1下针右上2针并1针，翻面
行2：2下针，织图表中腰围边部分的行2直至结束
注意：对于中码，在织行2的时候不要和裙身相连
继续按照这个模式，织腰围边并在反面行和裙身相连，直至所有针目都已经和裙身连在一起，且24行的循环已经织完了9（11）次。将织物放在一边

袖子
用大号双头直针，2股线合股编织，起32（40）针，均匀分在4根针上，连接形成圈织，注意不要把针目扭起，放置圈织起始记号扣
圈1：织1圈上针
圈2：*空挂1针，1下针左上2针并1针；从*开始重复到底
圈3：织1圈下针
圈4：*空挂1针，1下针右上2针并1针；从*开始重复到底
圈5：织1圈下针
圈6：织1圈上针
剪断1股线，换小号双头直针，仅用剩余1股继续编织袖子
下一圈：2（0）下针，*加1针，3（4）下针；从*开始再重复9次【42（50）针】

开始编织雏菊花样
加针圈1：1下针，空挂1针，*3下针，空挂1针，1下针右上2针并1针，3下针；从*开始重复，以空挂1针+1下针结束
圈2和所有偶数圈：织1圈下针
圈3：*3下针，1下针左上2针并1针，空挂1针，1下针，空挂1针，1下针右上2针并1针；从*开始重复，以4下针结束
圈5：2下针，*1下针左上2针并1针，空挂1针，3下针，空挂1针，1下针右上2针并1针，1下针；从*开始重复，在最后一次重复的时候用3下针代替原本的1下针
加针圈7：1下针，空挂1针，3下针，*空挂1针，1右上3针并1针，空挂1针，5下针；从*开始重复，在最后一次重复的时候用4下针+空挂1针+1下针代替原本的5下针
圈9：2下针，*空挂1针，1下针右上2针并1针，6下针；从*开始重复，

图表1

图表2

图表3

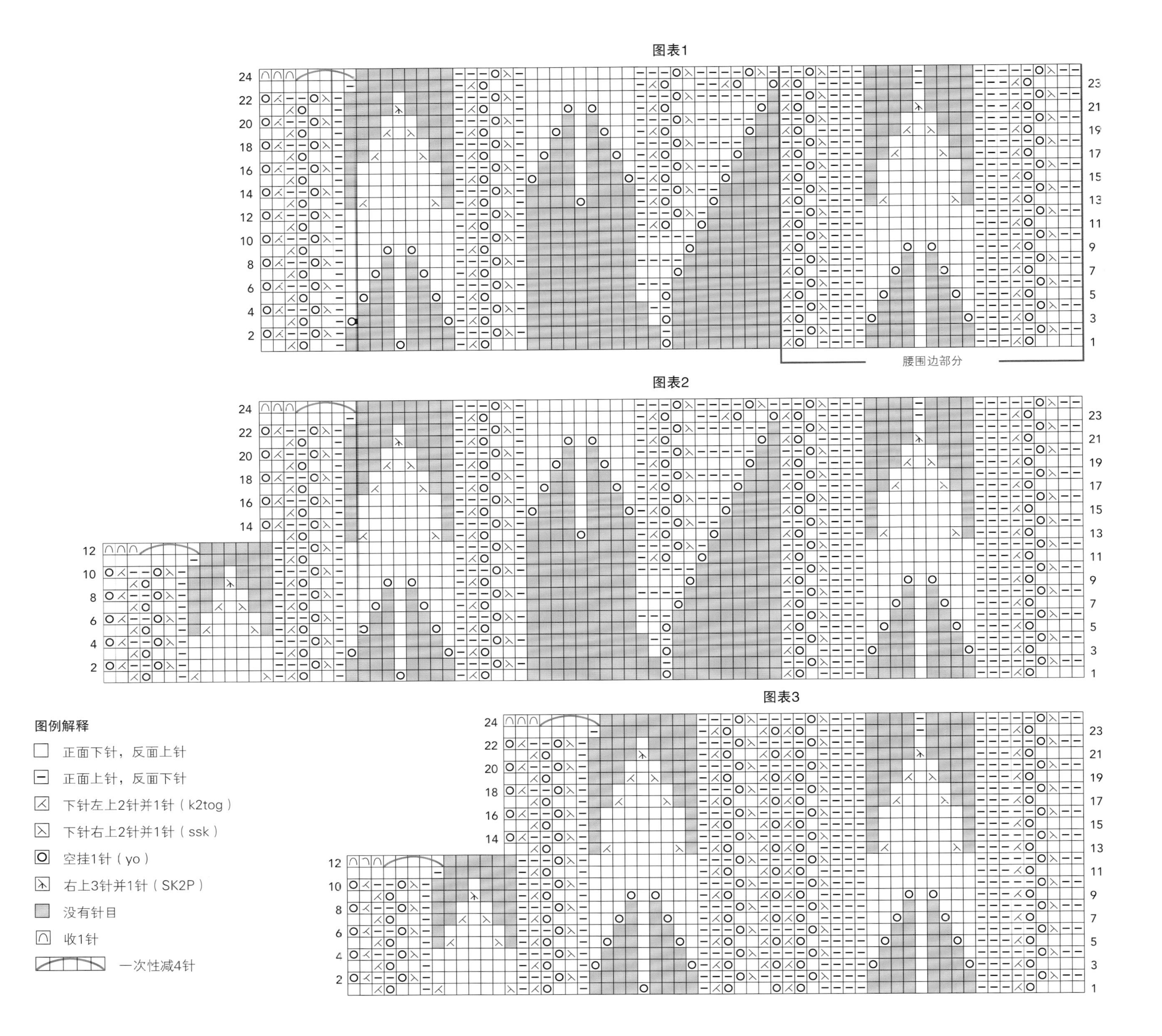
腰围边部分
图例解释
正面下针，反面上针
正面上针，反面下针
下针左上2针并1针（k2tog）
下针右上2针并1针（ssk）
空挂1针（yo）
右上3针并1针（SK2P）
没有针目
收1针
一次性减4针

以空挂1针+1下针右上2针并1针+2下针结束
圈11：*1下针左上2针并1针，空挂1针，1下针，空挂1针，1下针右上2针并1针，3下针；从*开始重复，在最后一次重复时，用1下针代替原本的3下针
加针圈13：1下针，空挂1针，*3下针，空挂1针，1下针右上2针并1针，1下针，1下针左上2针并1针，空挂1针；从*开始重复，以3下针+空挂1针+2下针结束
圈15：2下针，*空挂1针，1右上3针并1针，空挂1针，5下针；从*开始重复，在最后一次重复时，用3下针代替原本的5下针
圈17：7下针，*空挂1针，1下针右上2针并1针，6下针；从*开始重复，以1下针结束
加针圈19：1下针，空挂1针，4下针，*1下针左上2针并1针，空挂1针，1下针，空挂1针，1下针右上2针并1针，3下针；从*开始重复，以1下针+空挂1针+2下针结束
圈21：2下针，*空挂1针，1下针，1下针左上2针并1针，空挂1针，3下针；从*开始重复到底
圈23：1下针左上2针并1针，空挂1针，*5下针，空挂1针，1右上3针并1针，空挂1针；从*开始重复，以5下针+空挂1针+1下针右上2针并1针+1下针结束
圈24：织1圈下针
再重复3次圈1~24，之后重复1次圈1~16【80（88）针】

继续按照如下方法编织雏菊花样：
圈1：将圈织起始记号扣向右移动1针（方法：移除记号扣，将上一圈的最后1针移到左棒针，重新放置记号扣），之后按照如下方法编织：1下针右上2针并1针，6下针，*空挂1针，1下针右上2针并1针，6下针；从*开始重复，以空挂1针结束
圈2和所有偶数圈：织1圈下针
圈3：*空挂1针，1下针右上2针并1针，3下针，1下针左上2针并1针，空挂1针，1下针；从*开始重复到底
圈5：1下针，*空挂1针，1下针右上2针并1针，1下针，1下针左上2针并1针，空挂1针，3下针；从*开始重复至圈尾，最后一次重复时用2下针替代原本的3下针
圈7：将圈织起始记号扣向左移动1针（方法：将接下来这圈的第1针移到右棒针，重新放置记号扣），之后按照如下方法编织：*空挂1针，5下针，空挂1针，1右上3针并1针；从*开始重复到底
圈9：3下针，*空挂1针，1下针右上2针并1针，6下针；从*开始重复，最后一次重复时用3下针替代原本的6下针
圈11：1下针，*1下针左上2针并1针，空挂1针，1下针，空挂1针，1下针右上2针并1针，3下针；从*开始重复，最后一次重复时用2下针替代原本的3下针
圈13：*1下针左上2针并1针，空挂1针，3下针，空挂1针，1下针右上2针并1针，1下针；从*开始重复到底
圈15：2下针，*空挂1针，1右上3针并1针，空挂1针，5下针；从*开始重复，最后一次重复时用3下针替代原本的5下针
圈16：织1圈下针
再重复1次圈1~15，断线，将最后8针转移到大别针上作为腋下针目，其余的72（80）针是袖子针目

胸衣

注意：在织蕾丝花样的时候，只有当你需要做对应减针的时候才需要织空挂1针，反之亦然
用小号环形针，单股线，从腰围边的上边缘挑189（221）针，不要连接圈织，在反面行织1行上针

开始编织图表4
行1（正面行）：织到重复线位置，织21（25）次8针1组的花样，之后按图表织到底【187（219）针】
继续按照这个模式编织图表，直至完成行31【177（209）针】
连接行（反面行）：36（44）上针，将接下来的8针作为腋下针目在大别针上留针，放置记号扣，72（80）上针（袖子针目），放置记号扣，88（104）上针，将接下来的8针作为腋下针目在大别针上留针，放置记号扣，72（80）上针（袖子针目），放置记号扣，37（45）上针【305（353）针】

插肩塑形
下一行减针行（正面行）：【织到下一个记号扣前3针，1下针左上2针并1针，1下针，滑过记号扣，1下针右上2针并1针】4次，织到底（减了8针）
继续按照既定模式编织，每隔1行重复减针行，再重复31（35）次，与此同时，继续在领窝处以每30（12）行1次的频率重复减针，再重复2（6）次【45（53）针】
下一行（反面行）：织1行上针，移除记号扣
将针目转移到大别针上留针

前襟边缘

织物正面对着自己，用大号环形针，2股线合股编织。从腰线边缘右下开始，沿腰围边和胸衣的前边缘均匀挑56（60）针，沿后领均匀挑45（53）针，沿胸衣的左前边缘和腰围边均匀挑56（60）针【157（173）针】
下一行（反面行）：织1行下针
下一行：2下针，*空挂1针，1下针左上2针并1针；从*开始重复到最后1针前，1下针
织2行下针，松松地收针

收尾

缝合腋下，把前襟边缘的尾端缝合在裙身的上边缘上，在腰围边钉上准备好的纽扣（按图片所示位置），藏好线头

图表4

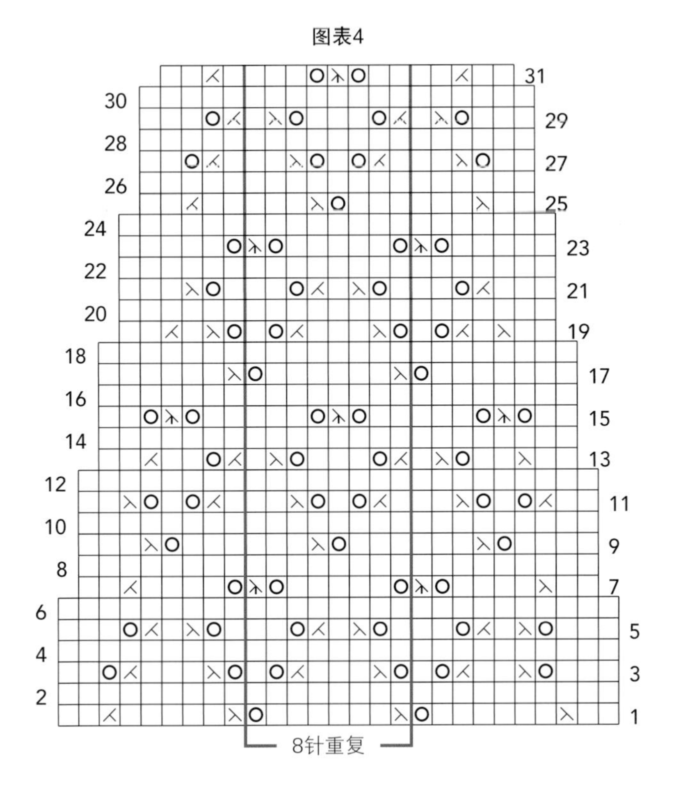

图例解释

- □ 正面下针，反面上针
- ⊠ 下针左上2针并1针（k2tog）
- ⊠ 下针右上2针并1针（ssk）
- ⊙ 空挂1针（yo）
- ⊠ 右上3针并1针（SK2P）

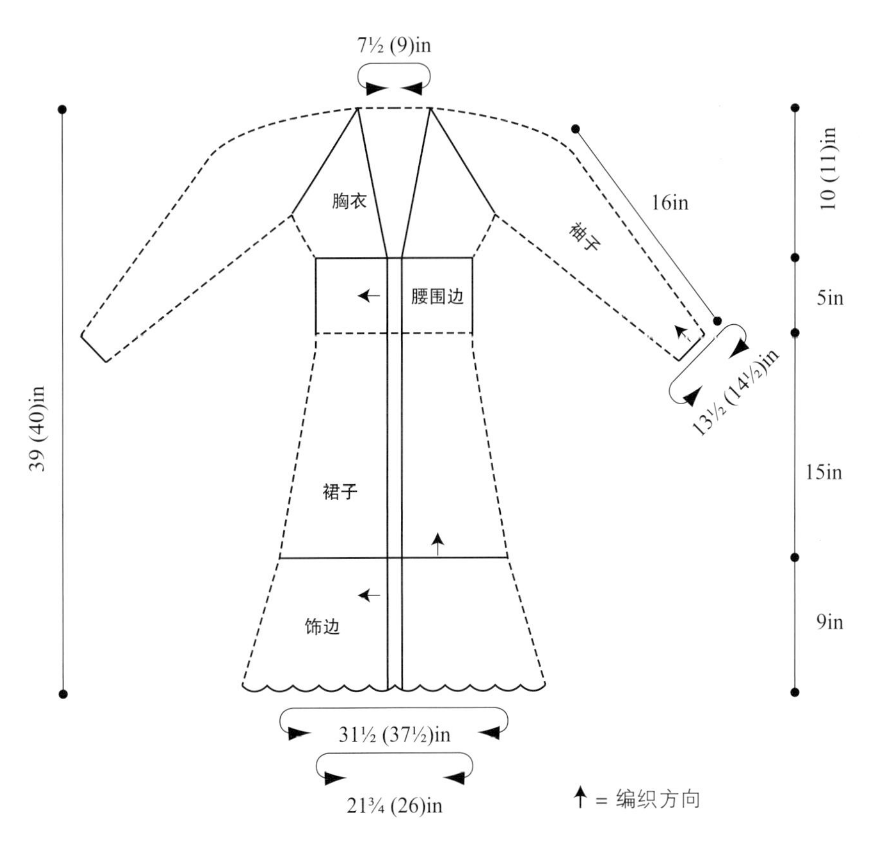

钻石和树叶花样斗篷

丽莎·达林的这件充满戏剧风格的斗篷自中间的蕾丝花样向两侧各自延展出三角形披肩，并缀以长方形旋涡状蕾丝边缘。向下翻折的领子和长长的边缘花样做了很好的呼应。

编织难度

■■■■

尺寸测量

周长：大约190.5cm

长度：大约56cm

使用材料和工具

• 50g/绞（约160m）的Koigu KPM纱线（成分：羊毛），色号#1101.5 米粉色，10绞(2)

• 3根7号（4.5mm）环形针，长度分别为40cm、60cm、100cm，或任意能够符合密度的针号

• 记号扣

密度

织图表2，定型后10cm×10cm面积内：24针×30行（用4.5mm环形针）

请务必花时间核对密度

注意

1）织斗篷时，如有需要，可更换成长度更长的环形针

2）织领子时，领子的反面是在斗篷的正面继续编织，这样当领子翻折下来的时候，露出的才能是正面

斗篷

用最短的环形针，按如下方法起108针

*起1针，放置记号扣，起53针，放置记号扣；从*开始再重复1次，连接形成圈织，注意针目不要扭起，然后放置圈织起始记号扣

开始编织图表1和图表2

圈1：【织图表1的圈1，滑过记号扣，织图表2的第1针，织图表2圈出的重复部分3次，织图表2的剩余部分，滑过记号扣】2次

继续按照这个方法编织图表，一直重复图表2的圈1~16，直至图表1的圈17织完（184针）

下一圈：【织图表1的圈10到重复线位置，织18针1组的花样2次，织图表1到底，织图表2的圈2】2次（188针）

继续按照既定模式编织，直至图表1的圈17和图表2的圈9同时织完（220针）。继续织图表1的圈10~17，重复这8圈1次，在此期间多织了1次18针1组的花样。与此同时，继续织图表2，直到总计织完了8次16圈1组的循环，最后以图表1和图表2同时织圈16作为结束（1圈680针，其中前、后片中心各53针，每个侧边部分287针）

开始编织图表3和图表4

加针圈1：【织图表3到重复线位置，织15次22针1组的花样，织图表3到底，织图表4的重复部分3次，织图表4到底】2次（818针）

继续按照这个方法编织图表，直至圈4织完。再重复9次圈3和圈4，按照针型收针

收尾

领子

织物正面对着自己，用最短的环形针，沿着领子的位置均匀挑108针，并放置圈织起始记号扣

圈1：*1下针左上2针并1针，【空挂1针】2次，1下针右上2针并1针；从*开始重复到底

圈2：*1下针，在上一圈的2针空挂针里织（1上针，1下针），1下针；从*开始重复到底

加针圈：*空挂1针，1左扭加针，空挂1针，1下针左上2针并1针，【空挂1针】2次，1下针右上2针并1针；从*开始重复到底（189针）

下一圈：*3下针，1下针左上2针并1针，【空挂1针】2次，1下针右上2针并1针；从*开始重复到底

下一圈：*空挂1针，1右上3针并1针，空挂1针，1下针左上2针并1针，【空挂1针】2次，1下针右上2针并1针；从*开始重复到底

再重复8次最后2圈，按照针型收针

摄影：露丝·卡拉翰

图表1

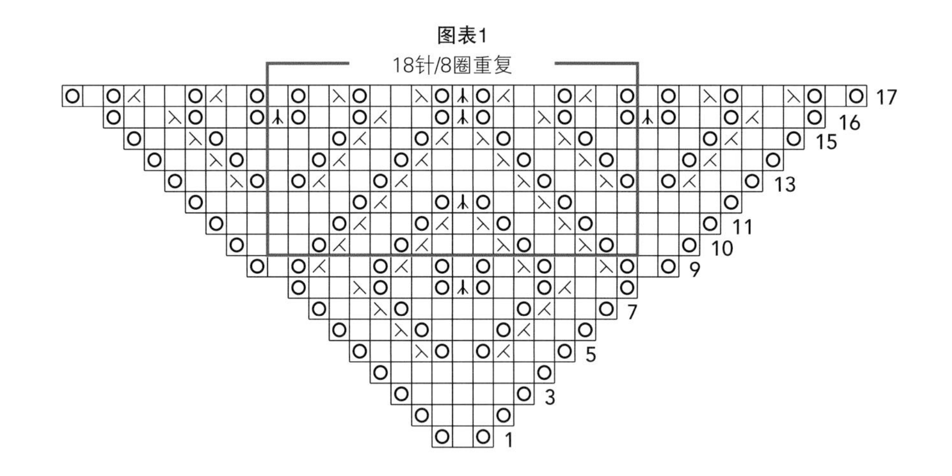

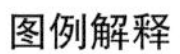

图例解释

- □ 下针（k）
- ⊟ 上针（p）
- 下针左上2针并1针（k2tog）
- 下针右上2针并1针（ssk）
- 空挂1针（yo）
- 扭下针（k1 tbl）
- 左上3针并1针（k3tog）
- 中上3针并1针（S2KP）
- 右上3针并1针（SK2P）

图表2

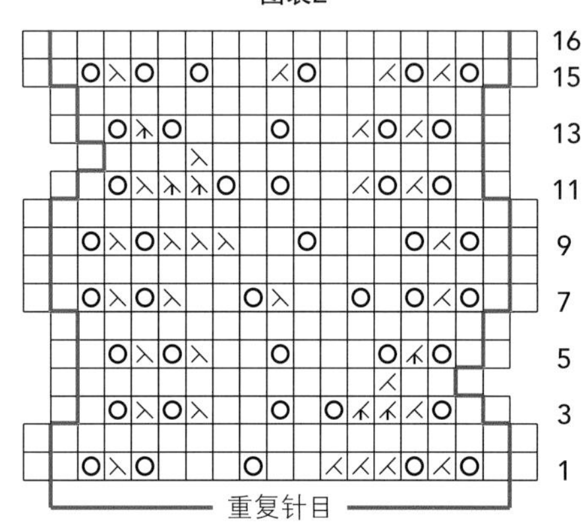

图表3

图表4

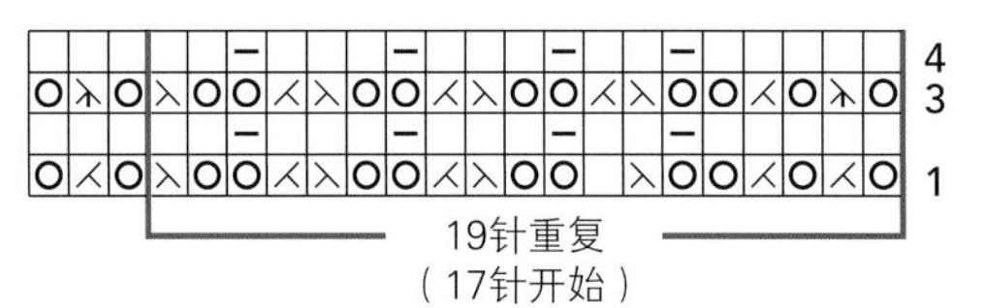

树叶花样装饰的披肩

莎白·卢瓦泽尔·韦纳的这条长方形披肩戏剧性地将树叶和钻石花样组合成了令人心醉的网眼花样。这件精致的作品从波浪蕾丝边中挑针编织，并在右侧进行减针塑形。

编织难度

■■■■

尺寸测量

宽度（上边缘）：大约127cm

长度：大约68.5cm

使用材料和工具

- 114g/绞（约768m）的Madelinetosh Prairie纱线（成分：超耐洗美利奴羊毛），蓝灰色段染，1绞 (1)
- 6号（4mm）环形针，80cm长度，或任意能够符合密度的针号
- 记号扣
- 珠针

密度

平针10cm×10cm面积内：20针×36行（用4mm环形针）

请务必花时间核对密度

注意

1）除了图表1里的行36（反面行）之外，图表中仅包含正面行。除非特别说明，所有的反面行都织上针

2）环形针在针目太多时用来替换长直针使用，不要用来圈织

3）依照图表2~5，在每个正面行都要减4针

编织术语

空挂2针：在针上绕线2圈，在下一行，空挂的这针上需要在前后两个针圈分别编织上针

披肩

边缘

起22针，按照如下方式织6行起伏针：滑过1针，21下针

开始编织图表1

下一行（正面行）：织图表的行1

行2和所有反面行：1下针，上针织到底

继续按照这个方式织图表，直到织完行36

再重复5次行1~36

织行1~18，在行18末尾放置用来标记披肩中心针的记号扣

织行19~36，之后再重复6次行1~36（现在总计织了13次图表1）

按照如下方式织5行起伏针：滑过1针，下针织到底

在反面行松松地收针

图表1

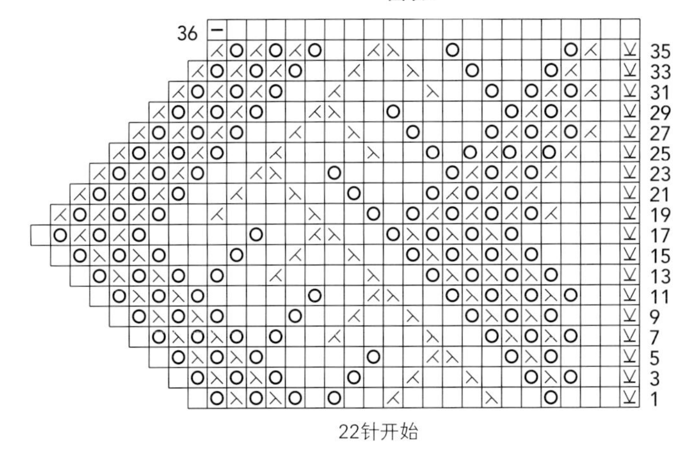

22针开始

图例解释

□ 正面下针，反面上针

⊟ 正面上针，反面下针

⟋ 下针左上2针并1针（k2tog）

⟍ 下针右上2针并1针（ssk）

O 空挂1针（yo）

V 滑1针（sl 1）

摄影：露丝·卡拉翰

图表5-左边叶片

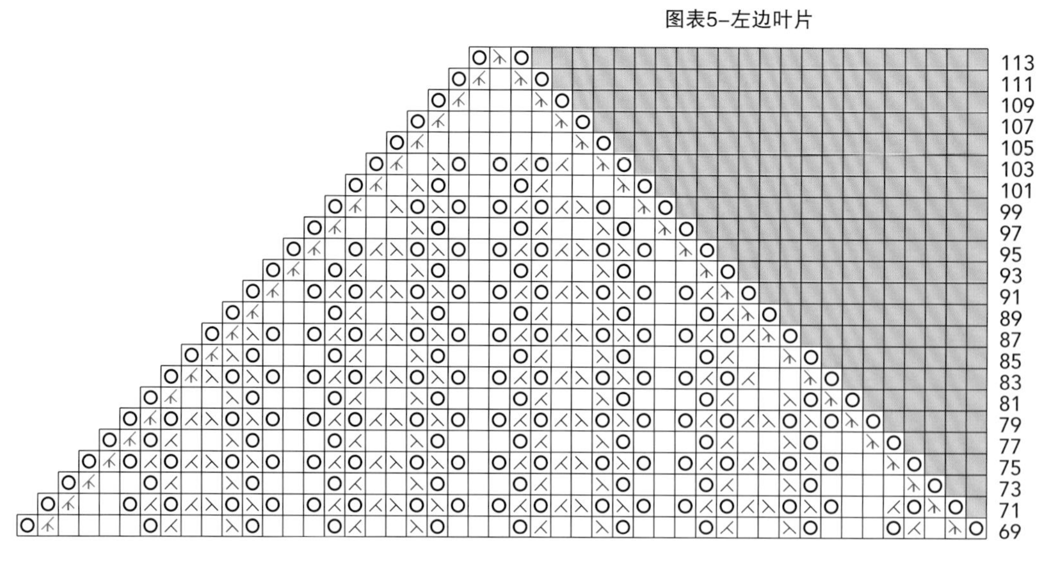

图表4-左边叶片

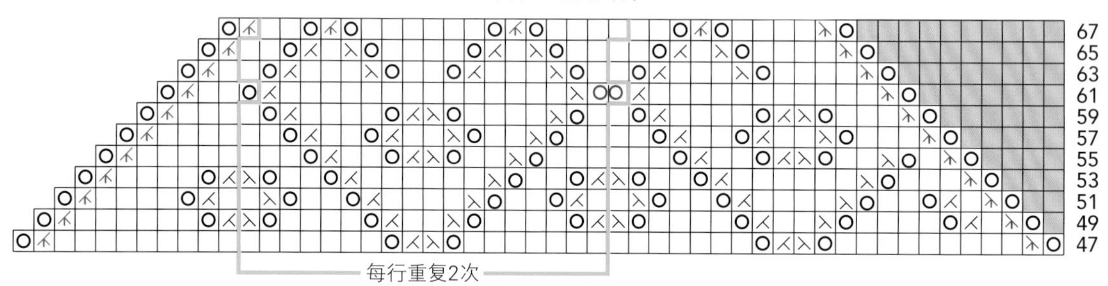

图表3-左边叶片

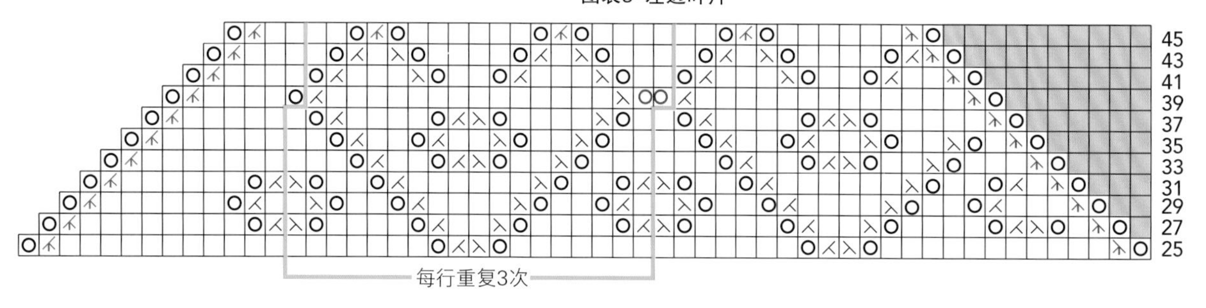

图表2-左边叶片

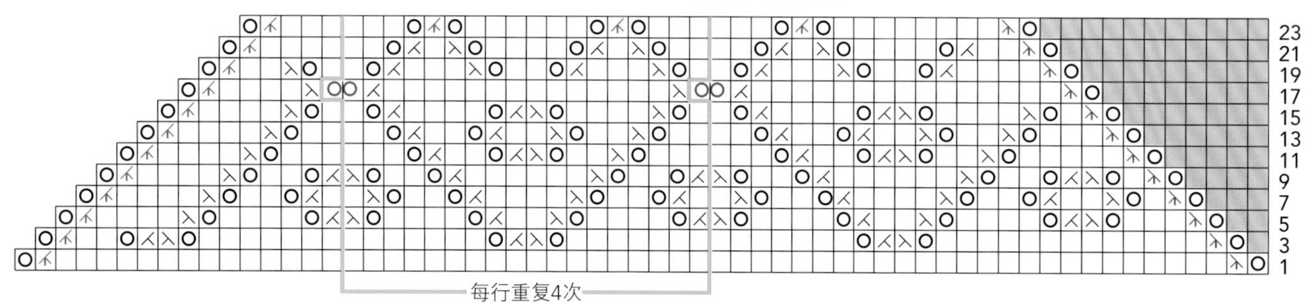

图表5-右边叶片

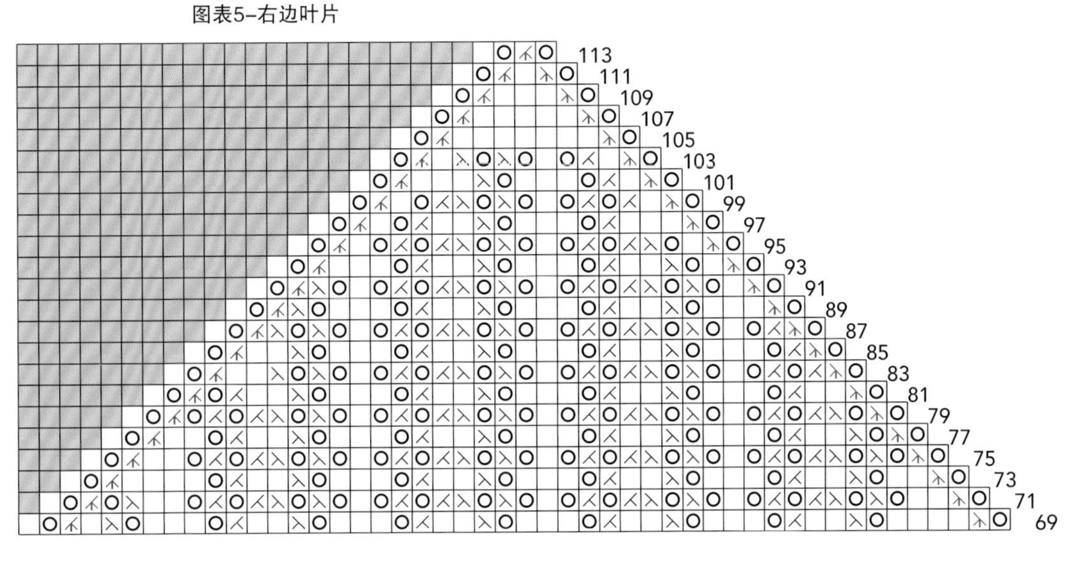

图例解释

- □ 正面下针，反面上针
- ⋌ 下针左上2针并1针（k2tog）
- ⋋ 下针右上2针并1针（ssk）
- O 空挂1针（yo）
- 右上3针并1针（SK2P）
- 左上3针并1针（k3tog）
- OO 空挂2针
- ▒ 没有针目

注意：图表2~5中仅显示正面行。除非特别说明，所有的反面行都织上针

图表4-右边叶片

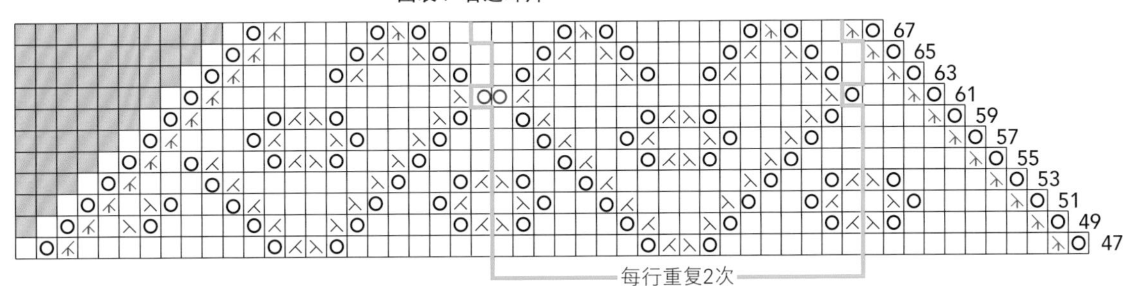

图表3-右边叶片

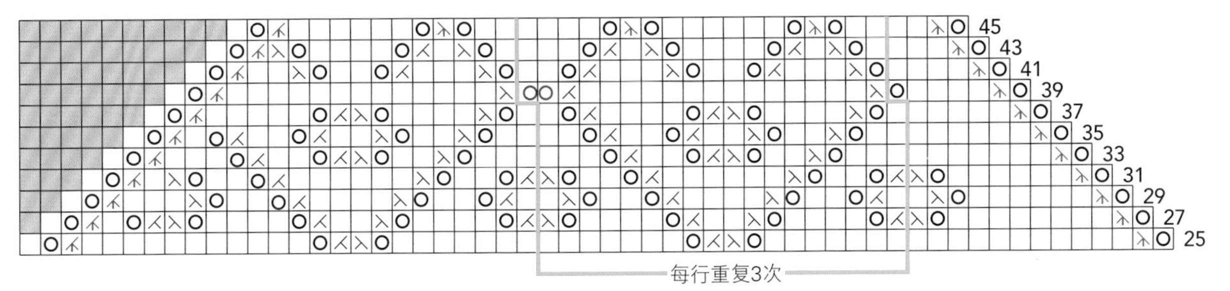

图表2-右边叶片

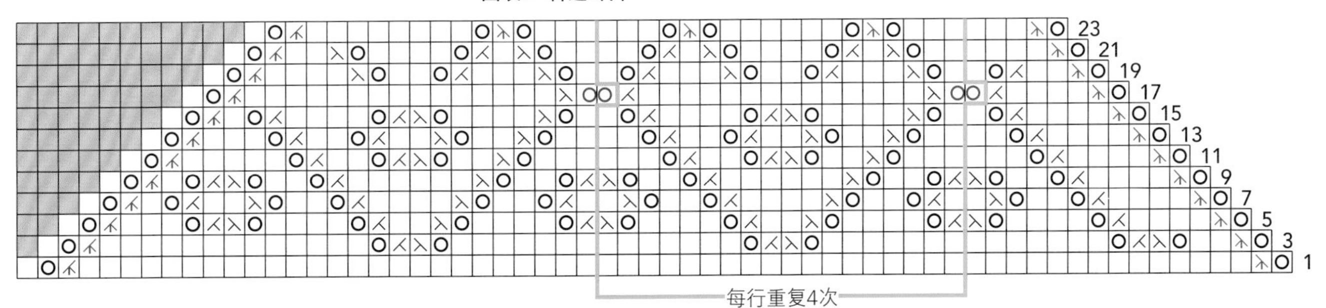

主体

把边缘的反面对着自己，沿起伏针的短边挑3针，沿着长边在中心标记记号扣之前均匀挑117针，1针中心针，沿着长边在中心标记记号扣之后均匀挑117针，最后沿起伏针的短边挑3针（241针）

开始编织图表2

行1（正面行）：3下针，织到重复线位置，织4次18针1组的花样，织到下一个重复线位置，织4次18针1组的花样，织到图表的最后，3下针

行2和所有反面行：3下针，上针织到最后3针前，3下针

继续按照这个方法织图表，直至织完行24（193针）

开始编织图表3

行25（正面行）：3下针，织到重复线位置，织3次18针1组的花样，织到下一个重复线位置，织3次18针1组的花样，织到图表的最后，3下针

行26和所有反面行：3下针，上针织到最后3针前，3下针

继续按照这个方法织图表，直至织完行46（149针）

开始编织图表4

行47（正面行）：3下针，织到重复线位置，织2次18针1组的花样，织到下一个重复线位置，织2次18针1组的花样，织到图表的最后，3下针

行48和所有反面行：3下针，上针织到最后3针前，3下针

继续按照这个方法织图表，直至织完行68（105针）

开始编织图表5

行69（正面行）：3下针，织图表到底，3下针

行70和所有反面行（减针行114除外）：3下针，上针织到最后3针前，3下针

继续按照这个方法织图表，直至织完行113（13针）

减针行114（反面行）：3下针，2上针，1上针左上2针并1针，3上针，3下针（12针）

将剩余针目均匀分在2根针上，把它们连接在一起

收尾

藏好线头，按尺寸定型，定型时注意用珠针固定边缘的每一个尖角

优雅蕾丝无指手套

琳达·麦地那的这款短款无指手套上面散布着缀有小孔的仿麻花和优雅的网眼。手套圈织而成，手掌和边缘部分采用罗纹设计，建议拿出你收藏的最奢华的线材来编织这样奢华的配饰单品。

编织难度

■■■□

尺寸测量

一圈：19cm

长度：15cm

使用材料和工具

- 55g/绞（约366m）的Jade Sapphire Exotic Fibres Mongolian Cashmere 2-ply纱线（成分：山羊绒），色号#130 深蓝色，1绞(1)
- 4号（3.5mm）双头直针，或任意能够符合密度的针号
- 记号扣
- 大别针

密度

按图表编织花样，10cm×10cm面积内：26针×37行（使用3.5mm双头直针）

请务必花时间核对密度

左手

起52针，将针目均匀分在双头直针上，连接形成圈织，注意不要让针目扭起，放置圈织起始记号扣。织5圈下针

狗牙圈：*1下针左上2针并1针，空挂1针；从*开始重复到底

织5圈下针

开始编织图表

下一圈：织图表圈1的34针，【1下针，1上针】9次作为手掌部分的单罗纹针

继续按照这个方法织，直至织完了4次图表的圈1~8，之后再重复1次圈1~6

摄影：露丝·卡拉翰

分离拇指

滑4针到大别针上作为拇指留针

下一圈：3下针，空挂1针，1右上3针并1针，把刚刚织过的5针滑到大别针上作为拇指留针，从图表的第6针开始，织图表的圈7，【1下针，1上针】7次，起9针（1圈共52针，拇指留针9针）

下一圈：从图表第6针开始，织图表的圈8，【1下针，1上针】9次，放置新的圈织起始记号扣

再重复1次圈1~8，并按照既定单罗纹针模式织手掌部分。圈8完成之后，织3圈单罗纹针，按单罗纹针松松地收针

拇指

将9针转移到双头直针上，沿拇指洞均匀挑9针（共18针）。将针目均匀分在3根双头直针上，织6圈1下针、1上针的单罗纹针，按单罗纹针松松地收针

右手

按照和左手同样的方法编织，给拇指分针

下一圈：织图表圈7，【1下针，1上针】2次，把最后9针转移到大别针上作为拇指留针

下一圈：织图表圈8，29针，起9针，【1下针，1上针】7次（52针）

按照与左手同样的方法编织直至完成

收尾

沿狗牙圈向内翻折，缝合，藏好线头

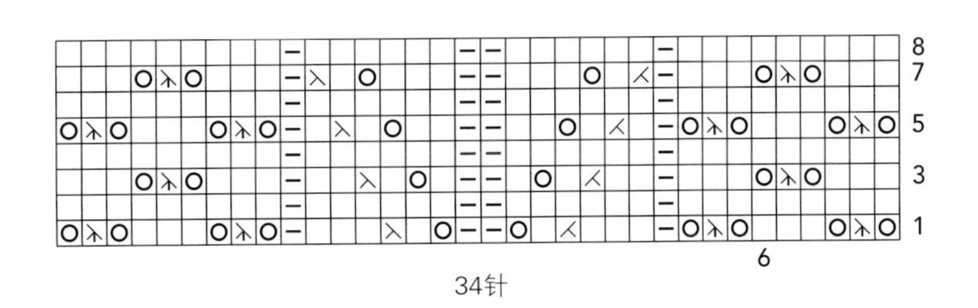

图例解释

☐ 正面下针，反面上针

⊟ 正面上针，反面下针

空挂1针（yo）

右上3针并1针（SK2P）

左上2针并1针（k2tog）

右上2针并1针（SKP）

镂空及膝袜

在巴伯·布朗这双充满诱惑力的及膝袜上，长方形锯齿状蕾丝花样沿着小腿向上延伸。圈织而成、带有网眼的袜身，罗纹边以及盒形袜跟加上三角片成型结构，让袜子在长时间穿着和穿脱鞋子的时候保持良好的舒适度。

摄影：露丝·卡拉翰

编织难度

■■■□

尺寸测量

脚掌围：20.5cm
小腿围：25.5cm
长度（上端到袜跟）：40.5cm
长度（袜跟到脚趾）：23cm

使用材料和工具

- 100g/绞（约398m）的Lorna's Laces Shepherd Sock纱线（成分：超耐洗美利奴羊毛/尼龙），色号#56 浅蓝色，2绞 1
- 1副（4根）1号（2.25mm）双头直针，或任意能够符合密度的针号
- 记号扣

密度

平针10cm×10cm面积内：36针×46行（使用2.25mm双头直针）
请务必花时间核对密度

2下针、1上针的罗纹

（3针的倍数）
圈1：*2下针，1上针；从*开始重复1圈
重复圈1的这种2下针、1上针的罗纹

袜子

起96针，连接形成圈织，注意不要让针目扭起，放置圈织起始记号扣。织10圈2下针、1上针的罗纹。织1圈下针，1圈上针
下一圈：*1下针左上2针并1针，空挂1针；从*开始重复1圈
织1圈上针，1圈下针
织10圈2下针、1上针的罗纹
下一圈：织下针，在这一圈均匀加2针（98针）

开始编织图表

建立圈：29下针，放置塑形图表结束位置记号扣，下针织到底
圈1：编织塑形图表的前29针，滑过记号扣，织8次蕾丝图表的8针1组的花样，继续编织图表到底
按照这个模式继续编织塑形图表，同时重复蕾丝图表的圈1~40，直至织完塑形图表的圈72（72针）。移除塑形标记记号扣
继续重复塑形图表的圈71和圈72，同时重复蕾丝图表的圈1~40，直至袜身从开始位置测量长度达到35.5cm，以蕾丝图表的圈18结束

盒形袜跟

注意：盒形袜跟在开始的19针和结束的16针往返进行编织，中间的37针休针不织
下一行（正面行）：19下针，翻面
下一行（反面行）：19上针，移除圈织起始记号扣，16下针，在其间均匀加1针（36针）
行1（正面行）：*滑1针，1下针；从*开始重复到底
行2（反面行）：滑1针，下针织到底
再重复16次行1和行2

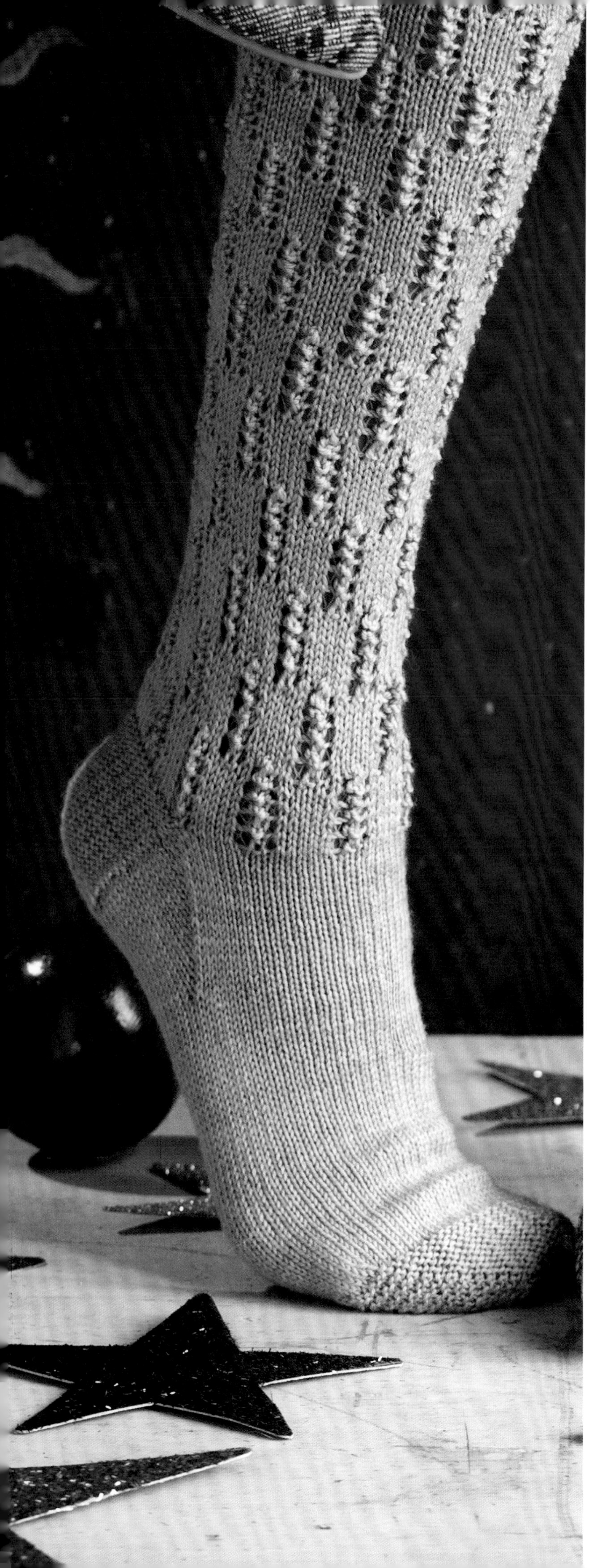

翻面塑形袜跟

行1（正面行）：18下针，1下针右上2针并1针，1下针，翻面
行2（反面行）：滑1针，1上针，1上针左上2针并1针，1上针，翻面
行3：滑1针，2下针，1下针右上2针并1针，1下针，翻面
行4：滑1针，3上针，1上针左上2针并1针，1上针，翻面
继续按照这个模式，在每行做并针减针之前加1针，直至袜跟剩20针
下一行（正面行）：滑1针，17下针，1下针右上2针并1针，翻面
下一行（反面行）：滑1针，16上针，1上针左上2针并1针（18针）

三角片

建立圈：9下针作为袜跟针目，放置新的圈织起始记号扣；用第1根双头直针织9针袜跟针目，沿盒形袜跟边缘挑18针；用第2根双头直针织37下针作为脚背针目；用第3根双头直针沿盒形袜跟边缘挑18针，织9下针作为袜跟针目（91针）
圈1：织1圈下针
圈2：用1根双头直针，下针织到针上的最后3针前，1下针左上2针并1针，1下针；用第2根双头直针，织37下针脚背针目；用第3根双头直针，1下针，1下针右上2针并1针，下针织到圈尾
再重复8次最后2圈（73针）
继续按平针编织（每圈都织下针），直至袜身从后跟位置测量长度达到19cm，或者比你想要的袜跟到袜尖长度短4cm

袜尖

建立圈：用第1根双头直针，下针织到针上的最后3针前，1下针左上2针并1针，1下针；用第2根双头直针，1下针，1下针右上2针并1针，下针织到针上的最后3针前，1下针左上2针并1针，1下针；用第3根双头直针，下针织到圈尾
圈1：用第1根双头直针，*持线在织物后面滑1针，1下针；从*开始重复到针上的最后3针前，1下针左上2针并1针，1下针；用第2根双头直针，1下针，1下针右上2针并1针，**持线在织物后面滑1针，1下针；从**开始重复到针上的最后3针前，1下针左上2针并1针，1下针；用第3根双头直针，1下针，1下针右上2针并1针，***1下针，持线在织物后面滑1针；从***开始重复至圈尾（减了4针）
圈2：织1圈上针
圈3：用第1根双头直针，*持线在织物后面滑1针，1下针；从*开始重复到针上的最后3针前，1下针左上2针并1针，1下针；用第2根双头直针，1下针，1下针左上2针并1针，**1下针，持线在织物后面滑1针；从**开始重复到针上的最后3针前，1下针左上2针并1针，1下针；用第3根双头直针，1下针，1下针左上2针并1针，***持线在织物后面滑1针，1下针；从***开始重复至圈尾（减了4针）
圈4：织1圈上针
再重复4次圈1~4（30针）
再重复1次圈1和圈2（26针）
用第3根双头直针，织26针（每根针上13针）
断线

收尾

用厨师针缝合法缝合袜尖，藏好线头，按尺寸定型

蕾丝图表

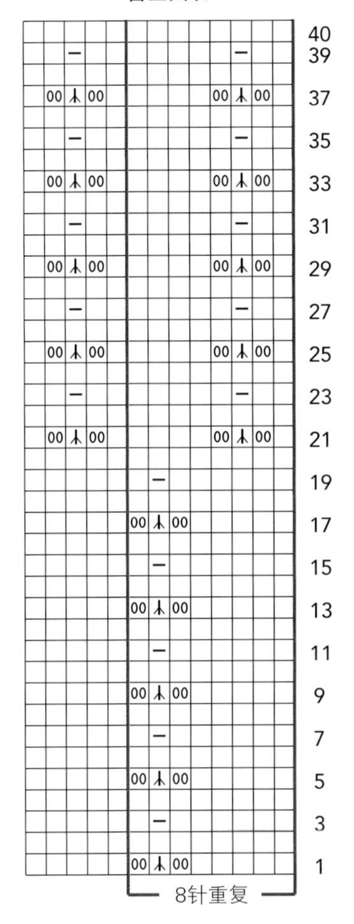

图例解释

- □ 下针（k）
- ⊟ 上针（p）
- 下针左上2针并1针（k2tog）
- 下针右上2针并1针（ssk）
- 空挂1针（yo）
- 中上3针并1针（S2KP）
- 挂2个空针（在下一行：1下针，放掉额外的空挂针）

塑形图表

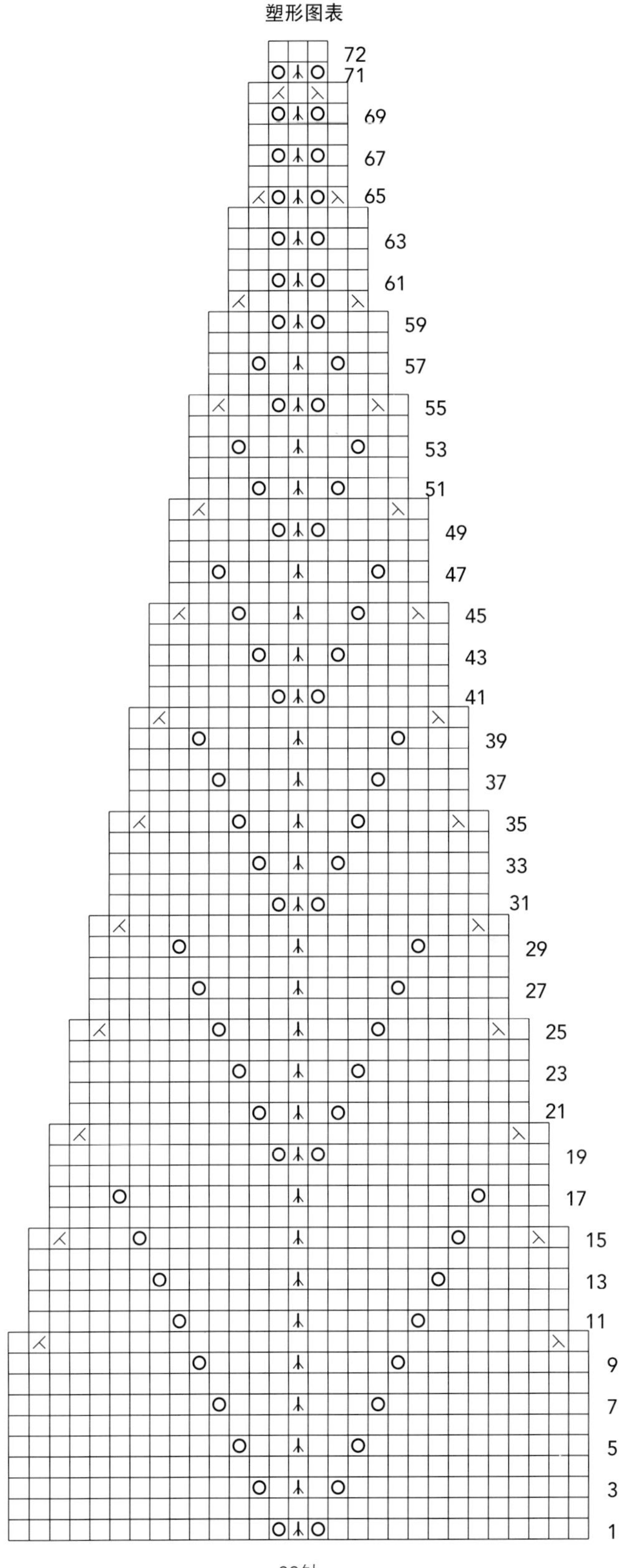

蕾丝装饰的高翻领套头毛衣

珍妮弗·斯塔克的这件吸睛的合身蕾丝高翻领套头毛衣是一件让人惊异的双层结构设计作品。内层用的是富有弹性的针法，并织成一个超高翻领；外层使用轻薄线材，破洞花样排列成长条作为装饰。在最后收尾的时候两层用罗纹进行连接。

编织难度

尺码

加小码（小码/中码，大码），图中所示为加小码

尺寸测量

胸围：80（94，109）cm
长度：58.5（59.5，61）cm
上臂围：26.5（30.5，35）cm

使用材料和工具

• 原版线材

100g/绞（约360m）的Tilli Tomas Sock纱线（成分：羊毛/尼龙），天蓝色（A），3（4，5）绞(2)

85g/团（约315m）的Tilli Tomas Symphony Lace纱线（成分：马海毛/真丝/尼龙/羊毛/珠子/亮丝），浅蓝色（B），2（3，3）团(1)

• 替代纱线

100g/绞（约400m）的Artyarns Merino Cloud纱线（成分：超细美利奴羊毛/山羊绒），色号#376，3（4，5）绞(2)

50g/绞（约100m）的Artyarns Silk Mohair Glitter（成分：马海毛/带金银丝线的真丝）色号#308，7（8，9）绞(1)

• 8号（5mm）和9号（5.5mm）环形针各1根，60cm长度，或任意能够符合密度的针号
• 9号（5.5mm）环形针2根，40cm长度
• 1组5根9号（5.5mm）双头直针
• 大别针
• 记号扣
• 零线
• 珠针

密度

• 平针10cm×10cm面积内：22针×32行（用小号环形针，A线）
• 单罗纹针10cm×10cm面积内：30针×28行（用大号环形针，2股A线）
• 平针10cm×10cm面积内：20针×24行（用小号环形针，B线）
• 1组12针蕾丝花样，10行=7cm宽×4cm长（用小号环形针，B线）

请务必花时间核对密度

摄影：露丝·卡拉翰

圈织蕾丝花样
（12针的倍数）
圈1：*2下针，1扭下针左上2针并1针，空挂1针，4下针，空挂1针，1下针左上2针并1针，2下针；从*开始重复到底
圈2：织1圈下针
圈3：*3下针，1扭下针左上2针并1针，空挂1针，2下针，空挂1针，1下针左上2针并1针，3下针；从*开始重复到底
圈4：*2下针，1扭下针左上2针并1针，松开上一圈的空挂针，【空挂1针】2次，2下针，松开上一圈的空挂针，【空挂1针】2次，1下针左上2针并1针，2下针；从*开始重复到底
圈5：*1下针，1扭下针左上2针并1针，松开上一圈的空挂针，【空挂1针】3次，2下针，松开上一圈的空挂针，【空挂1针】3次，1下针左上2针并1针，1下针；从*开始重复到底
圈6：*2下针，在上一圈的空挂针里【1下针，空挂1针，松开剩余的2针空挂针】，【空挂1针】2次，2下针，【空挂1针】2次，在上一圈的空挂针里【1下针，空挂1针，松开剩余的2针空挂针】，2下针；从*开始重复到底
圈7：*3下针，在上一圈的空挂针里【1下针，空挂1针，松开剩余的1针空挂针】，空挂1针，2下针，空挂1针，在上一圈的空挂针里【1下针，空挂1针，松开剩余的1针空挂针】，3下针；从*开始重复到底
圈8~10：分别织1圈下针
重复圈1~10圈织蕾丝花样

片织蕾丝花样
（12针的倍数）
行1（正面行）：*2下针，1扭下针左上2针并1针，空挂1针，4下针，空挂1针，1下针左上2针并1针，2下针；从*开始重复到底
行2：织1行下针
行3：*3下针，1扭下针左上2针并1针，空挂1针，2下针，空挂1针，1下针左上2针并1针，3下针；从*开始重复到底
行4：*2上针，spp（缩写，意思是：滑过1针，1上针，滑过的1针盖过织的上针），松开上一行的空挂针，【空挂1针】2次，2上针，松开上一行的空挂针，【空挂1针】2次，1上针左上2针并1针，2上针；从*开始重复到底
行5：*1下针，1扭下针左上2针并1针，松开上一行的空挂针，【空挂1针】3次，2下针，松开上一行的空挂针，【空挂1针】3次，1下针左上2针并1针，1下针；从*开始重复到底
行6：*2上针，在上一行的空挂针里【1上针，空挂1针，松开剩余的2针空挂针】，【空挂1针】2次，2上针，【空挂1针】2次，在上一行的空挂针里【1下针，空挂1针，松开剩余的2针空挂针】，2上针；从*开始重复到底
行7：*3下针，在上一行的空挂针里【1下针，空挂1针，松开剩余的1针空挂针】，空挂1针，2下针，空挂1针，在上一行的空挂针里【1下针，空挂1针，松开剩余的1针空挂针】，3下针；从*开始重复到底
行8：织1行上针
行9：织1行下针
行10：织1行上针
重复行1~10片织蕾丝花样

注意
图解中的测量值代表的是上层蕾丝

蕾丝花样（上层）
衣身
用小号环形针和零线，起140（164，188）针，连接形成圈织，注意针目不要扭起来，放置圈织起始记号扣
圈1：70（82，94）下针作为前片针目，放置记号扣，70（82，94）下针作为后片针目
用零线再织2圈下针
换成B线，从换线位置开始，织2cm长度的下针

开始编织蕾丝花样
下一圈：5下针，织60（72，84）针蕾丝花样圈1，5下针，滑过记号扣，5下针，织60（72，84）针蕾丝花样圈1，5下针
继续按照这个模式织平针（每圈都织下针）和蕾丝花样，与此同时，当织物从B线开始位置测量长度达到9cm时，开始在侧边塑形：
***减针圈**：1下针，1下针左上2针并1针，织到记号扣前3针，1下针右上2针并1针，1下针，滑过记号扣，1下针，1下针左上2针并1针，织到最后3针前，1下针右上2针并1针，1下针【136（160，184）针】
不加不减织7圈
从*开始重复，再重复2次，之后再重复1次减针圈【124（148，182）针】
继续不加不减织衣身直至从开始位置测量长度大约20.5cm
****加针圈**：1下针，空挂1针，织到记号扣前1针，空挂1针，1下针，滑过记号扣，1下针，空挂1针，织到记号扣前1针，空挂1针，1下针【128（142，176）针】
不加不减织8圈
从**开始重复，再重复2次【136（160，184）针】
继续不加不减织衣身直至从开始位置测量长度大约32.5cm，与此同时，当蕾丝花样的第8次重复完成后，开始在最开始和结束的两个花样里织平针，而中间的3（4，5）个花样仍然不变，继续织蕾丝花样

分前、后片
下一圈：收掉4（4，5）针，下针织到记号扣前4（4，5）针，收掉4（4，5）针【此时前片60（72，82）针】；移除记号扣，收掉4（4，5）针，下针织到底【此时后片64（76，87）针】。断线，将后片64（76，87）针转移到大别针上暂时休针

前片袖窿塑形
在前片加入新的线团，从下一行（反面行）开始编织
下一行（反面行）：织1行上针
减针行：2下针，1下针左上2针并1针，下针织到最后4针前，1下针右上2针并1针，2下针【58（70，80）针】
再重复7（8，8）次最后2行【44（54，64）针】
继续不加不减编织直至袖窿长度达到10（11.5，12.5）cm，与此同时，当织完了10次10行1组的蕾丝花样时，所有针目改为平针继续

前片领窝塑形
下一行（正面行）：14（19，24）下针作为左前片，加入第2团B线，织接下来16下针并转移到大别针上休针，织14（19，24）下针作为右前片
下一行（反面行）：织右前片，之后换另外一团线织左前片。所有针目都织上针
减针行（正面行）：在左侧，下针织到最后4（5，5）针前，1下针右上2针并1针（1卜针右上3针并1针，1下针右上3针并1针），2下针；在右侧，2下针，1下针左上2针并1针（1下针左上3针并1针，1下针左上3针并1针），下针织到底【13（17，22）针】
织1行上针
再重复1次最后2行【左、右前片各12（15，20）针】
网眼行（正面行）：在左侧，3下针，空挂1针，织到最后4针前，1下针右上2针并1针，2下针；在右侧，2下针，1下针左上2针并1针，下针织到最后3针前，空挂1针，3下针
织1行上针
【下一行在领窝处减1（1，2）针，织1行上针】4次【左、右前片各8（11，12）针】

【下一行在领窝处减1（1，2）针，织1行上针】2次【左、右前片各6（7，8）针】
下一行（网眼，正面行）：在左侧，3下针，空挂1针，不加不减到底；在右侧，下针织到最后3针前，空挂1针，3下针【左、右前片各7（8，9）针】
继续不加不减织，直至袖窿长度21.5（23，24）cm，收针

后背袖窿塑形
从大别针上将之前休针的后片针目转移到环形针上，加入B线从下一行反面行开始编织
下一行（反面行）：收掉4（4，5）针，上针织到底【60（72，82）针】
像前片袖窿塑形一样继续织到剩余44（54，64）针的位置
继续不加不减编织，直至袖窿长16（16.5，17.5）cm，以反面行结束

后片的领窝和肩部塑形
下一行（正面行）：织14（19，24）针左后片针目，加入第2团B线，织接下来的16下针并转移到大别针上休针，织14（19，24）针右后片针目
下一行（反面行）：织右后片，之后换另外一团线织左后片。所有针目都织上针
减针行（正面行）：在右侧，2下针，1下针左上2针并1针（1下针左上3针并1针，1下针左上3针并1针），下针织到最后4针前，1下针右上2针并1针，2下针；在左侧，2下针，1下针左上2针并1针，下针织到最后4（5，5）针前，1扭下针左上2针并1针（1扭下针左上3针并1针，1扭下针左上3针并1针），2下针【12（16，21）针】
下一行继续减针行：在左侧，2上针，1上针左上2针并1针（1上针左上2针并1针，1上针左上3针并1针），上针织到最后4针前，1上针左上2针并1针，2上针；在右侧，2上针，1上针左上2针并1针，上针织到最后4（4，5）针前，1上针左上2针并1针（1上针左上2针并1针，1上针左上3针并1针），2上针【左、右后片各 10（14，18）针】
再重复1（2，2）次最后2行【左右后片各6（4，6）针】

仅针对加小码和大码
下一行减针行（正面行）：在左、右后片，1下针，1下针左上2针并1针，1下针左上2针并1针，1下针

所有尺码
下一行减针行（反面行）：在左后片，1上针，1上针左上3针并1针；在右后片，1上针左上3针并1针，1上针
下一行减针行（正面行）：在左右后片，1下针左上2针并1针，收紧线头

袖子
用双头直针和零线，起36（38，40）针，连接形成圈织，注意不要扭起针目，放置圈织起始记号扣，用零线织3圈下针
换成B线，从B线开始位置织2cm下针

开始编织蕾丝花样
注意：编织时为了适应更多针目需求，环形针用来替换长直针使用，不要形成圈织
下一圈：6（1，2）下针，织24（36，36）针蕾丝花样圈1，6（1，2）下针
继续按照这个模式织平针（每圈都织下针）和蕾丝花样，与此同时，当袖长达到7.5cm时，开始袖子塑形：
加针圈：1下针，空挂1针，下针织到最后1针前，空挂1针，1下针【38（40，42）针】
每14（10，8）圈重复加针圈，再重复5（8，10）次，将加出来的针目织成平针【此时共48（56，62）针】。织1圈下针
继续不加不减织袖子直至从B线开始位置测量袖长达到40.5（42，43）cm，与此同时，当织完10次10行1组的蕾丝花样时，所有针目改为平针继续

袖山塑形
下一圈：收掉4（4，5）针，下针织到底，移除记号扣，开始往返片织
下一行（反面行）：收掉4（4，5）针，上针织到底【40（48，52）针】
下一行减针行：2下针，1下针左上2针并1针，下针织到最后4针前，1下针右上2针并1针，2下针（34针）
下一行：织1行上针
再重复12（13，15）次最后2行【14（20，20）针】
在接下来2（4，4）行的开头收掉2针，之后一次性收掉剩余的10（12，12）针

平针（内层）

衣身
用小号环形针和零线，起166（198，230）针，连接形成圈织，注意不要扭起针目，放置圈织起始记号扣
圈1：83（99，115）下针作为前片针目，放置记号扣，83（99，115）下针作为后片针目
用零线再织2圈下针
换成A线，从A线开始位置织9cm下针
***减针圈：**【1下针，1下针左上2针并1针，下针织到记号扣前3针，1下针右上2针并1针，1下针，滑过记号扣】2次【162（194，226）针】
不加不减织9圈
从*开始再重复2次，之后再重复1次减针圈【150（182，214）针】
继续不加不减编织直至衣身从开始位置测量长度达到20.5cm
****加针圈：**1下针，空挂1针，下针织到记号扣前1针，空挂1针，1下针，滑过记号扣，1下针，空挂1针，下针织到记号扣前1针，空挂1针，1下针【154（186，218）针】
不加不减织10圈
从**开始再重复2次【162（194，226）针】
继续不加不减编织直至衣身从开始位置测量达到32.5cm

分前、后片
下一圈：收掉5（5，6）针，下针织到记号扣前5（5，6）针，收掉5（5，6）针【此时前片71（87，101）针】；移除记号扣，收掉5（5，6）针，下针织到底【此时后片76（92，107）针】。断线，将后片76（92，107）针转移到大别针上暂时休针

前片袖窿塑形
在前片加入新的A线，从下一行（反面行）开始编织
下一行（反面行）：织1行上针
减针行：2下针，1下针左上2针并1针，下针织到最后4针前，1下针右上2针并1针，2下针【69（85，99）针】
再重复7（9，8）次最后2行【55（67，83）针】
继续不加不减编织直至袖窿长度达到10（11.5，12.5）cm

前片领窝塑形
下一行（正面行）：18（24，32）下针作为左前片，加入第2团A线，织接下来19下针并转移到大别针上休针，织18（24，32）下针作为右前片
下一行（反面行）：织右前片，之后换另外一团线织左前片。所有针目都织上针
减针行（正面）：在左侧，下针织到最后4针前，1下针右上2针并1针（1下针右上2针并1针，1下针右上3针并1针），2下针；在右侧，2下针，1下针左上2针并1针（1下针左上2针并1针，1下针左上3针并1针），下针织到底【17（23，30）针】
织1行上针
再重复2（1，3）次最后2行【左、右前片各15（22，24）针】
***网眼行（正面行）：**在左侧，3下针，空挂1针，织到最后4针前，1下针右上2针并1针，2下针；在右侧，2下针，1下针左上2针并1针，下针织到

最后3针前，空挂1针，3下针
织1行上针
【下一行在领窝处减1（1，2）针，织1行上针】3次【左、右前片各12（16，18）针】
从*开始再重复1次【左、右前片各9（10，12）针】
再重复1次网眼行
继续不加不减织，直至袖窿长度21.5（23，24）cm，收针

后背袖窿塑形
从大别针上将之前休针的后片针目转移到环形针上，重新加入A线从下一行反面行开始编织
下一行（反面行）：收掉5（5，6）针，上针织到底【71（87，101）针】
像前片袖窿塑形一样继续织到剩余55（67，83）针的位置
继续不加不减编织，直至袖窿长15（16.5，18）cm，以反面行结束

后片的领窝和肩部塑形
下一行（正面行）：织18（24，32）针左后片针目，加入第2团A线，织接下来的19下针并转移到大别针上休针，织18（24，32）针右后片针目
下一行（反面行）：织右后片，之后换另外一团线织左后片。所有针目都织上针
减针行1（正面行）：在右侧，2下针，1下针左上2针并1针（1下针左上2针并1针，1下针左上3针并1针），下针织到最后4针前，1下针右上2针并1针，2下针；在左侧，2下针，1下针左上2针并1针，下针织到最后4（5，5）针前，1下针右上2针并1针（1下针右上2针并1针，1下针右上3针并1针），2下针【左、右后片各16（22，29）针】
减针行2（反面行）：在左侧，2上针，1上针左上2针并1针（1上针左上2针并1针，1上针左上3针并1针），上针织到底；在右侧，上针织到最后4（4，5）针前，1上针左上2针并1针（1上针左上2针并1针，1上针左上3针并1针），2上针【左、右后片各 15（21，27）针】
减针行3（正面行）：在右侧，2下针，1下针左上2针并1针（1下针左上3针并1针，1下针左上3针并1针），下针织到最后4针前，1下针右上2针并1针，2下针；在左侧，2下针，1下针左上2针并1针，下针织到最后4（5，5）针前，1下针右上2针并1针（1下针右上3针并1针，1下针右上3针并1针），2下针【左、右后片各13（18，24）针】
减针行4（反面行）：在左侧，2上针，1上针左上2针并1针（1上针左上3针并1针，1上针左上3针并1针），上针织到底；在右侧，上针织到最后4（5，5）针前，1上针左上2针并1针（1上针左上3针并1针，1上针左上3针并1针），2上针【左、右后片各 12（16，22）针】
再重复2次最后2行【左、右后片各6（6，12）针】

仅针对加小码和大码
下一行减针行（正面行）：在左、右后片，1下针，【1下针左上3针并1针】3次，1下针左上2针并1针（5针）

所有尺码
下一行减针行（反面行）：在左、右后片，1上针，1上针左上3针并1针，1上针（3针）
下一行减针行（正面行）：在左、右后片，1下针左上3针并1针，收紧线头

袖子
用短环形针和零线，起42（46，48）针，连接形成圈织，注意不要扭起针目，放置圈织起始记号扣，用零线织3圈下针
换成A线，从B线开始位置织7.5cm下针
***加针圈：**1下针，空挂1针，下针织到最后1针前，空挂1针，1下针【44（48，50）针】
每18（14，8）行重复加针圈，再重复3（7，4）次，之后每20（0，10）行重复加针圈，再重复2（0，7）次【54（62，72）针】
继续不加不减编织直至袖子长度从A线开始位置测量达到40.5（42，43）cm

袖山塑形
下一圈：收掉5（5，6）针，下针织到底，移除记号扣，开始往返片织
下一行（反面行）：收掉5（5，6）针，上针织到底【44（52，60）针】
下一行减针行：2下针，1下针右上2针并1针，下针织到最后4针前，1下针左上2针并1针，2下针【42（50，58）针】
下一行：织1行上针
再重复14（17，20）次最后2行【14（16，18）针】

仅针对加小码和小码/中码
每4行重复减针行，再重复1次【12（14）针】

仅针对大码
下一行减针行：2下针，1下针右上3针并1针，下针织到最后5针前，1下针左上3针并1针，2下针（4针）
下一行：织1行上针

针对所有尺码
收针

收尾
按尺寸轻柔定型织物
每一层分别缝合肩膀，注意肩膀处前片的位置要落在后片（缝合线实际在后肩位置）
用珠针将袖子和袖窿固定，注意袖子的最高点也要落到后片上
将蕾丝层覆盖在平针层上面，完全拉开平针层，和蕾丝层保持一样大小。在接下来进行罗纹连接之前，确认好袖子和衣身中心的位置

边缘
每次只操作一层，拆掉零线，把针目转移到合适大小的环形针上，从之前圈织开始的位置开始，现在平针层有166（198，230）针，蕾丝层有140（164，188）针
正面对着自己，用9号（5.5mm）环形针和1股A线，按照如下方法把两层连起来：
*【将每层针目1对1用下针左上2针并1针的方式】织5（4，4）针，之后织平针层的1针；从*开始再重复25（33，41）次，以【将每层针目1对1用下针左上2针并1针的方式】织10（28，20）针结束【166（198，230）针】
放置记号扣并连接形成圈织，用2股A线一起合股编织，按1下针、1上针的单罗纹针织5.5cm的边，按罗纹针型松松地收针

袖边
按照与边缘同样的方法编织【平针层42（46，48）针，蕾丝层36（38，40）针】。按如下方法连接两层：*【将每层针目1对1用下针左上2针并1针的方式】织6针，之后织平针层的1针；从*开始再重复4（5，6）次，之后只针对小码/中码，【将每层针目1对1用下针左上2针并1针的方式】织6（4，5）针【42（46，48）针】
放置起始记号扣，连接形成圈织，用2股A线合股一起编织，织1下针、1上针的单罗纹针4.5cm，按罗纹针型松松地收针

领子

在平针层按照如下方法织：从左肩开始，用40cm环形针，1股A线，沿着左前领挑24针，织前领窝休针的19针，沿右前领挑24针，右后领边缘挑8针，织后领窝休针的19针，沿左后领边缘挑8针（102针）

用第2根40cm环形针，从蕾丝层开始按照如下方法织：用1股B线，从左领窝挑24针，*加1针，织之前休针的8针，加1针，织之前休针的8针，加1针*，沿右前领挑24针，右后领边缘挑8针，再重复1次2个*之间的内容，沿左后领边缘挑8针（102针）。剪断B线，放置圈织起始记号扣连接形成圈织。正面对着自己，用9号（5.5mm）环形针，1股A线，将两层的针目整圈都1对1织成下针左上2针并1针。之后用2股A线，织1下针、1上针的单罗纹针直至领高25.5cm，按罗纹针型松松地收针，藏好线头

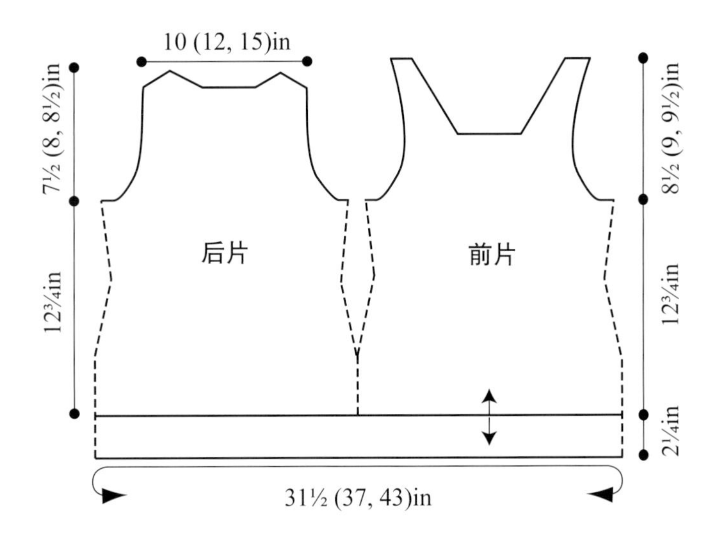

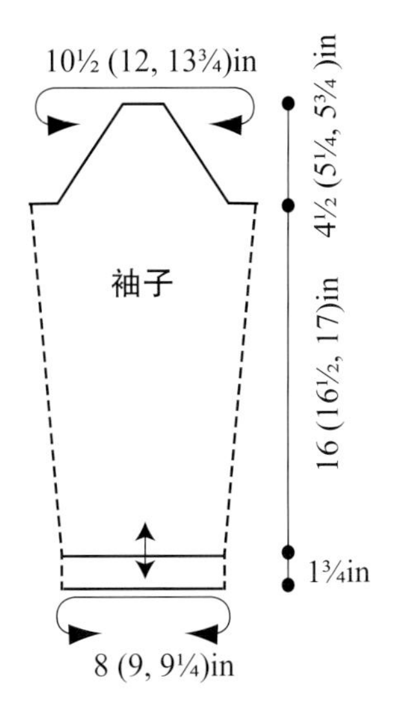

鸥翼蕾丝脖套

正如菲斯·哈勒的这件鸥翼蕾丝脖套所展示的，蕾丝其实并不一定要十分繁复。环形圈织，用中性线条的马海毛线织成，中间可见的镂空使得花样美妙地展开，它无疑是一件适用于多个季节的万能单品。

摄影：保罗·阿玛图

编织难度

■■□□

尺寸测量

周长：71cm

长度：29cm

使用材料和工具

• **原版线材**

50g/团（约90m）的Bergère de France Mohair纱线（成分：马海毛/尼龙/羊毛），色号#243.22 土黄色，2团(5)

• **替代线材**

50g/绞（约130m）的Halcyon Yarn Victorian Brushed Mohair纱线（成分：马海毛/羊毛/尼龙），色号#1060，2绞(5)

• 9号（5.5mm）环形针，或任意能够符合密度的针号

• 记号扣

密度

蕾丝花样10cm×10cm面积内：14针×25行（使用5.5mm环形针）

请务必花时间核对密度

蕾丝花样

（7针的倍数）

圈1：*1下针，1下针左上2针并1针，空挂1针，1下针，空挂1针，1下针右上2针并1针，1下针；从*开始重复到底

圈2：织1圈下针

圈3：*1下针左上2针并1针，空挂1针，3下针，空挂1针，1下针右上2针并1针；从*开始重复到底

圈4：织1圈下针

重复圈1~4塑造蕾丝花样

脖套

起98针，连接形成圈织，注意不要扭起针目，放置圈织起始记号扣

按照蕾丝花样织29cm，以圈4结束。松松地收针

收尾

藏好线头，按尺寸定型

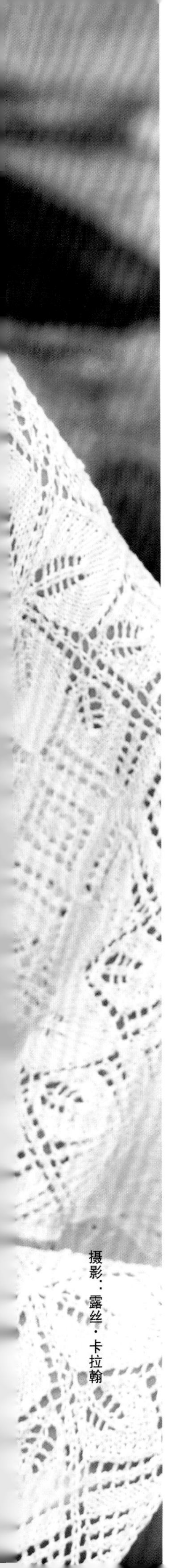

花瓣蕾丝斗篷

希里·莫尔的这条华丽的斗篷复杂而又别出心裁，先单独编织蕾丝浮雕单元花，最后连接而成。利用一些不完整的花片塑造出了翻领和直直的后领。

编织难度

尺寸测量
宽度：136.5cm
长度：68cm

使用材料和工具
- 50g/团（约125m）的Patons Grace纱线，色号#62008 原白色，18团
- 1组（5根）4号（3.5mm）双头直针，或任意能够符合密度的针号
- 6号（4mm）钩针
- 记号扣
- 零线
- 挂毯针

密度
定型后每个正方形边长27.5cm（用3.5mm双头直针）
请务必花时间核对密度

注意
1）斗篷主要由24个正方形花片组成，是一个大的正方形，前面开口。后领处的那个花片是1/2正方形，前领处是2个1/4正方形（见下页示意图）
2）其中所有完整的花片是绕圈编织，1/2和1/4正方形花片是往返片织

斗篷

正方形（织24个）
起8针，留一个长长的尾巴，织1行下针，将针目均匀分在4根双头直针上，连接形成圈织，注意不要扭起针目，放置圈织起始记号扣，织1圈上针

开始编织图表1
圈1（正面）：从右向左读取图表，从红色重复线中间的第1针开始，把这些用红色线圈出来的针目重复织4次
继续按照这个模式编织图表，直至织完圈43（现在每次重复46针，一共184针）
断线，将针目转移到零线上
用挂毯针，将起针处预留的长尾沿着起针边钩好，拉紧
将正方形织片定型至27.5cm见方

1/2正方形（织1个）
起7针，留长尾巴，织2行下针

开始编织图表1
行1（正面行）：从右向左读取图表，从图表第1针开始织整行
行2（反面行）：从左向右读取图表，从图表第1针开始织整行
继续按照这个模式编织图表，直至织完行43（92针）
断线，将针目转移到零线上
用挂毯针，将起针处预留的长尾沿着起针边钩好，拉紧
将1/2正方形织片定型至约27.5cm × 14cm

1/4正方形（织2个）
起5针，留长尾巴，织2行下针

开始编织图表2
行1（正面行）：从右向左读取图表，从图表第1针开始织整行
行2（反面行）：从左向右读取图表，从图表第1针开始织整行
继续按照这个模式编织图表，直至织完行43（47针）
断线，将针目转移到零线上
用挂毯针，将起针处预留的长尾沿着起针边钩好，拉紧
将1/4正方形织片定型至约14cm见方

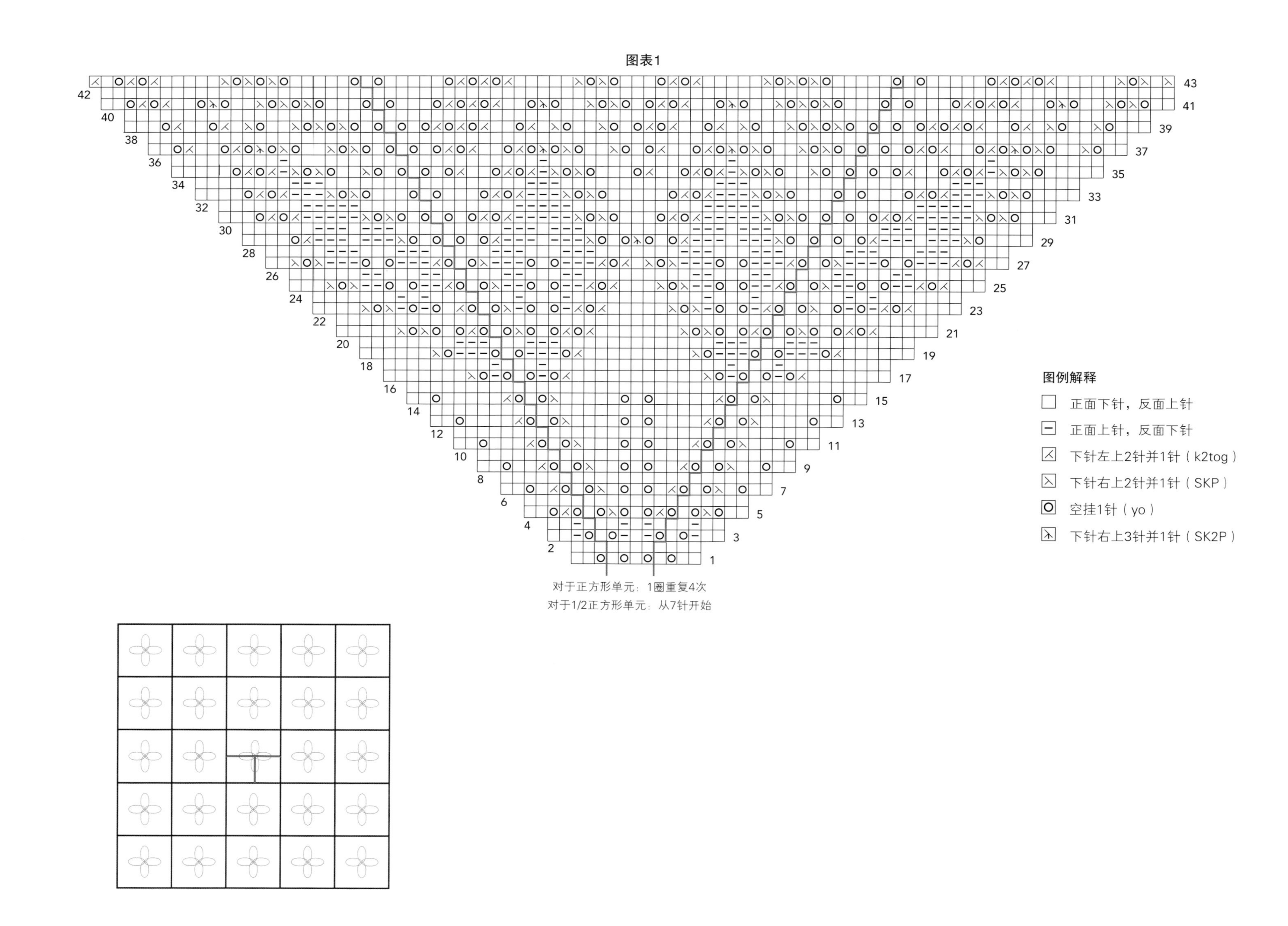
图表1
对于正方形单元：1圈重复4次
对于1/2正方形单元：从7针开始
图例解释
正面下针，反面上针
正面上针，反面下针
下针左上2针并1针（k2tog）
下针右上2针并1针（SKP）
空挂1针（yo）
下针右上3针并1针（SK2P）

收尾

按照排列图所示，用厨师针缝合法或者三根针缝合法（见第158页）将织片缝合

1/4正方形花片的中心针可以缝在任意一边

用钩针在斗篷的整个边缘上钩1圈中长针（每个针圈里钩1针，每个角里钩3针）

将织物熨烫平整

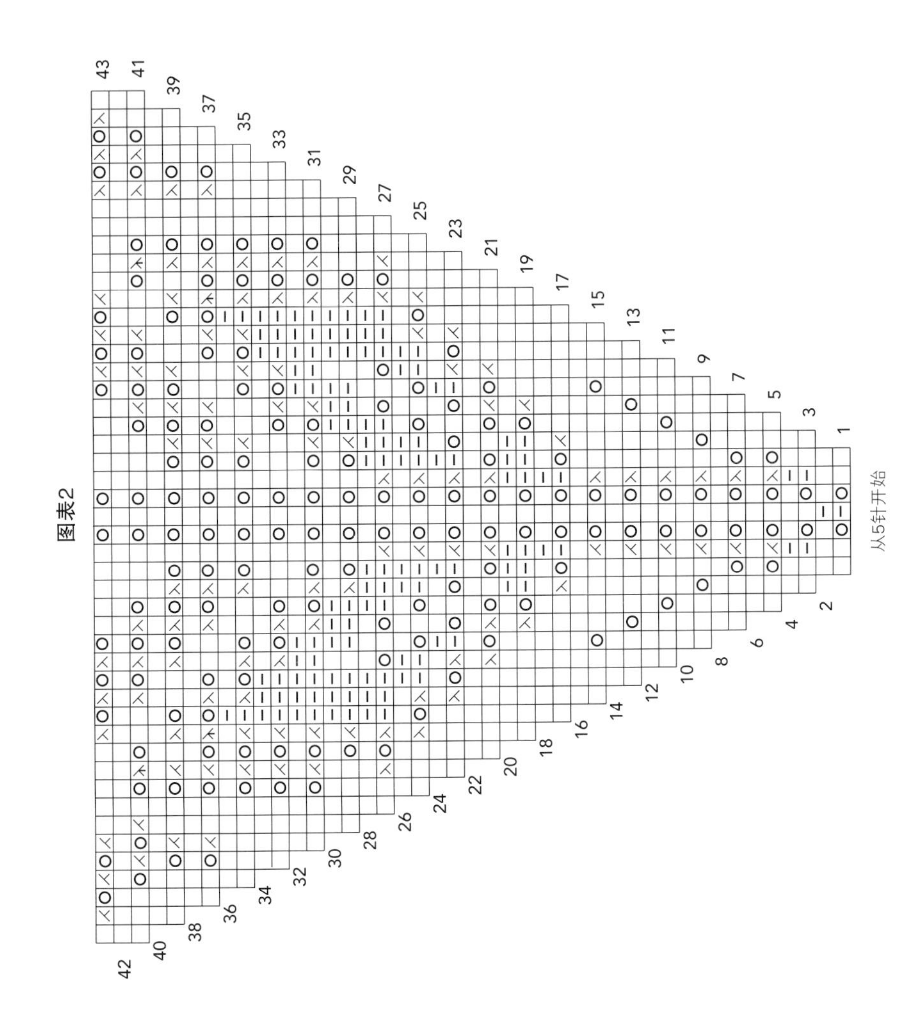

蕨类花样直编围巾

无论是随意缠绕颈间，或是系个结，还是搭在颈上，丽莎·霍夫曼的这条长条形的多用围巾都能给造型加分。中间是一条蕨类蕾丝花样，一直沿着中心延伸，两侧搭配的是优雅的左右倾斜树叶花样，最后以破碎罗纹边结束。

编织难度

尺寸测量

大约28cm × 152.5cm

使用材料和工具

- **原版线材**

250g/绞（约502m）的Alpaca with a Twist Baby Twist纱线（成分：羊驼毛），色号#3004 婴儿粉色，1绞(3)

- **替代线材**

50g/绞（约100m）的Debbie Bliss Aymara纱线（成分：幼羊驼毛），色号#11 桃色，5绞(3)

- 1对4号（3.5mm）棒针，或任意能够符合密度的针号

密度

- 破碎罗纹，定型后10cm × 10cm面积内：23针 × 32行（使用3.5mm棒针）
- 编织图表，定型后10cm × 10cm面积内：22针 × 28行（使用3.5mm棒针）

请务必花时间核对密度

破碎罗纹

（6针的倍数+3针）

行1（正面行）： 1下针，*1上针，1下针；从*开始重复到底

行2： 3上针，*3下针，3上针；从*开始重复到底

重复行1和行2塑造破碎罗纹

围巾

起63针

按破碎罗纹织5cm

重复图表的行1~8直至围巾从开始位置测量长度达到147cm，以图表的行4结束

按破碎罗纹织5cm，松松地收针

收尾

藏好线头，按尺寸轻柔定型

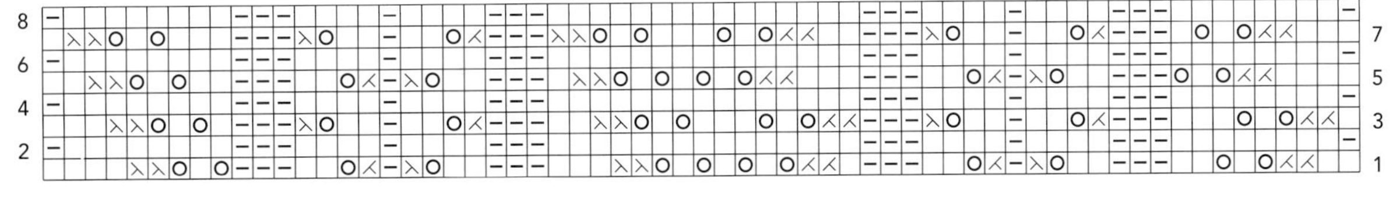

图例解释

- □ 正面上针，反面下针
- ⊟ 正面上针，反面下针
- ◎ 空挂1针（yo）
- ⧄ 下针左上2针并1针（k2tog）
- ⧅ 下针右上2针并1针（ssk）

摄影：保罗·阿玛图

蕾丝夹克

布鲁克·妮可的这件轻柔的维多利亚风格蕾丝夹克是由中心一个五角形花样开始一片式编织而成的，有着披肩式的领子和富有曲线的衣身。整个夹克的外圈围绕着一圈传统贝壳蕾丝花样，紧身又富有弹性的袖子以蕾丝袖边做收尾。

编织难度

■■■■

尺码

加小码（小码/中码，大码，加大码），图中所示为加小码

尺寸测量

直径（平铺）：94（94，98，99）cm

上臂围：31（37，43，45.5）cm

使用材料和工具

- 25g/团（约245m）的Filatura di Crosa/Tahki. Stacy Charles，Inc. Baby Kid Extra纱线（成分：马海毛/尼龙），色号#324 蓝紫色，4（5，5，5）团(1)
- 4根5号（3.75mm）环形针，分别是40cm、60cm、100cm、150cm长度，或任意能够符合密度的针号
- 6根5号（3.75mm）双头直针
- 2根4号（3.5mm）双头直针
- 5枚不同颜色的记号扣
- 光滑的、和主线颜色反差强烈的、粗细相当的零线

密度

平针10cm×10cm面积内：20针×32行（使用3.75mm棒针）

请务必花时间核对密度

注意

1）夹克是由中心向外转圈编织而成的，当图表2织完之后在衣身加上蕾丝边

2）从双头直针渐进地换成长环形针以适应针目的增加

主体

用大号双头直针和主线起5针，并均分在5根双头直针上。连接形成圈织，注意不要扭起针目，放置圈织起始记号扣

圈1：织1圈下针

圈2：*1下针，空挂1针；从*开始重复到底（10针）

圈3和圈4：重复圈1和圈2（20针）

圈5：织1圈下针

仅针对加小码和小码/中码

圈6：【1下针，空挂1针，3下针，空挂1针，放置记号扣】5次（30针）

圈7和圈8：分别织1圈下针

圈9：【1下针，空挂1针，下针织到记号扣，空挂1针，滑过记号扣】5次（加了10针）

圈10和圈11：分别织1圈下针

圈12~17：重复2次圈9~11（现在一共60针，5根针上每个部分各12针）

仅针对大码和加大码

圈6：*1下针，空挂1针；从*开始重复到底（40针）

圈7和圈8：分别织1圈下针

圈9：【2下针，空挂1针，5下针，空挂1针，1下针，放置记号扣】5次（50针）

圈10和圈11：分别织1圈下针

圈12：【2下针，空挂1针，下针织到记号扣前1针，空挂1针，1下针，滑过记号扣】5次（加了10针）

圈13~15：重复圈10~12（现在共70针，5根针上每个部分各有14针）

圈16和圈17：分别织1圈下针

仅针对加大码

圈18：重复圈12（现在共80针，5根针上每个部分各有16针）

圈19和圈20：分别织1圈下针

开始编织图表1

仅针对加小码和小码/中码

圈1：织蓝色重复线之间的部分5次【每根针上14（14）针】

仅针对大码

圈1：织绿色重复线之间的部分5次（每根针上16针）

仅针对加大码

圈1：*从图表中指示的加大码开始位置起始，织开始位置红色重复线之间的针目，之后织图表中间的红色重复线之间的针目，再织最后部分的红色重复线之间的针目，以图表所示的加大码结束位置完结；从*开始重复总共5次（每根针上18针）

摄影：露丝·卡拉翰

针对所有尺码
继续按照既定方法编织图表1，当双头直针上的针目拥挤的时候换成合适长度的环形针继续编织，直到织完圈37【现在每个部分（对应的是原每根双头直针上的针目）各38（38，40，42）针】

分离袖窿
仅针对加小码
圈1：织1圈下针
圈2：下针织到记号扣，滑过记号扣，*4下针，之后用零线织30下针，将这30针滑到左棒针上，用主线继续织下针*，【下针织到记号扣，滑过记号扣】2次，再重复1次*之间的部分，下针织到底
圈3：【1下针，空挂1针，下针织到记号扣，空挂1针，滑过记号扣】5次
圈4和圈5：分别织1圈下针
圈6~11：重复2次圈3~5（现在每个部分44针）

仅针对小码/中码
圈1和圈2：分别织1圈下针
圈3：【1下针，空挂1针，下针织到记号扣，空挂1针，滑过记号扣】5次
圈4和圈5：分别织1圈下针
圈6：【1下针，空挂1针，下针织到记号扣，空挂1针，滑过记号扣】5次
圈7：织1圈下针
圈8：下针织到记号扣，滑过记号扣，*3下针，之后用零线织36下针，将这36针滑到左棒针上，用主线继续织下针*，【下针织到记号扣，滑过记号扣】2次，再重复1次*之间的部分，下针织到底
圈9：重复1次圈6（现在每个部分44针）
圈10和圈11：分别织1圈下针

仅针对大码
圈1和圈2：分别织1圈下针
圈3：【2下针，空挂1针，下针织到记号扣前1针，空挂1针，1下针，滑过记号扣】5次
圈4~9：重复2次圈1~3
圈10：织1圈下针
圈11：下针织到记号扣，滑过记号扣，*2下针，之后用零线织42下针，将这42针滑到左棒针上，用主线继续织下针*，【下针织到记号扣，滑过记号扣】2次，再重复1次*之间的部分，下针织到底

仅针对加大码
圈1和圈2：分别织1圈下针
圈3：【2下针，空挂1针，下针织到记号扣前1针，空挂1针，1下针，滑过记号扣】5次
圈4~9：重复2次圈1~3
圈10：织1圈下针
圈11：下针织到记号扣，滑过记号扣，*2下针，之后用零线织44下针，将这44针滑到左棒针上，用主线继续织下针*，【下针织到记号扣，滑过记号扣】2次，再重复1次*之间的部分，下针织到底

开始编织图表2
按照和图表1同样的编织方法，对照每个尺码在图表中所示的起始位置，织5次圈1【每个部分46（46，48，50）针】
继续按照既定模式编织图表2直至织完圈52【每个部分80（80，82，84）针】
圈53和圈54：分别织1圈下针【现在总共400（400，410，420）针】

蕾丝边缘
注意：蕾丝边缘单独编织，在每个反面行的最后1针的位置，将蕾丝边缘的最后1针和接下来衣服主体的那一针织成1扭下针左上2针并1针，所以对应关系是：每织衣身1针，图表3就要织完2行
在织到主体的5个角的时候，不同的尺码在这个位置对应的行数也不同（见图表）
4行的角：织到反面行的最后，连接蕾丝边缘和衣身的1针，松开蕾丝边缘的针目，但这里不要从左棒针松脱衣身的那一针；翻面，织下一个正面行和反面行，再次连接蕾丝边缘和刚才衣身的那一针，这次从左棒针松脱衣身的针目；翻面，织正面行（现在蕾丝边缘的4行和衣身的1针对应连接好了）
6行的角：织到反面行的最后，连接蕾丝边缘和衣身的1针，松开蕾丝边缘的针目，但这里不要从左棒针松脱衣身的那一针；翻面，织下一个正面行；翻面，织到下一个反面行的最后，再次连接蕾丝边缘和刚才衣身的那一针，松开蕾丝边缘的针目，但这里仍然不要从左棒针松脱衣身的那一针；翻面，织下一个正面行和反面行，再次连接蕾丝边缘和刚才衣身的那一针，这次从左棒针松脱衣身的针目；翻面，织正面行（现在蕾丝边缘的6行和衣身的1针对应连接好了）

开始编织图表3
衣身主体的正面对着自己，用零线在左棒针上起21针作为蕾丝边缘。用主线，下针织这些针目（织完针目回到右棒针），翻面开始编织反面行
开始编织图表的行1，反面行从左到右读取，按如下方法编织：

仅针对加小码和小码/中码
连接行（反面行）：*织图表到蕾丝边缘的最后1针，连接衣身，松开蕾丝边缘的那一针同时不要松开衣身的1针，接着在衣身的第1针继续织6行的角，衣身下一针对应织4行的角，直到下一个记号扣前1针的位置，衣身和蕾丝边缘始终按衣身1针、蕾丝边缘2行继续编织，之后织4行的角连接记号扣前的1针，滑过记号扣；从*开始重复到衣身主体最后1针，继续按照图表行编织，重复织30行，以行30结束

仅针对大码
连接行（反面行）：*织图表到蕾丝边缘的最后1针，连接衣身，松开蕾丝边缘的那一针同时不要松开衣身的1针，接着在衣身的第1针继续织6行的角，衣身下一针对应继续织6行的角，接下来衣身下一针对应织4行的角，直到下一个记号扣前2针的位置，衣身和蕾丝边缘始终按衣身1针、蕾丝边缘2行继续编织，之后织4行的角连接记号扣前的第2针，织6行的角连接记号扣前的第1针，滑过记号扣；从*开始重复到衣身主体最后1针，继续按照图表行编织，以行30结束

仅针对加大码
连接行（反面行）：*织图表到蕾丝边缘的最后1针，连接衣身，松开蕾丝边缘的那一针同时不要松开衣身的1针，接着在衣身的第1针继续织6行的

角，接下来衣身下2针每针对应织4行的角，直到下一个记号扣前2针的位置，衣身和蕾丝边缘始终按衣身1针、蕾丝边缘2行继续编织，接下来衣身下2针每针对应织4行的角，滑过记号扣；从*开始重复到衣身主体最后1针，继续按照图表行编织，以行30结束

针对所有尺码
小心地拆掉零线，并将针目转移到双头直针上，将蕾丝边缘首尾相连

袖子

先织右袖，从衣袖开口处小心拆除零线，并按照如下方法编织：
从入箭头的位置开始，将衣袖开口处内侧30（36，42，44）针移到小号双头直针上，将衣袖开口处外侧31（37，43，45）针移到第2根小号双头直针上，在这一圈放置记号扣标记长度
用最短的环形针，连接形成圈织，在衣袖开口处底部挑1针，然后下针织左棒针上的所有针目，在衣袖开口处顶部挑1针，然后下针织右棒针上的所有针目，在衣袖开口处底部挑1针【64（76，88，92）针】。连接形成圈织并放置圈织起始记号扣，按平针织16圈袖子
继续按平针编织并在下一圈的开始和结尾处各减1针，之后每第8（6，6，6）圈减针，再重复2（7，13，9）次，之后每第6（4，4，4）圈减针，再重复12（13，4，10）次，之后在下一圈减0（0，1，1）针【剩余34（34，51，51）针】
继续织袖子直至长度达到35.5（37，38，38）cm
按同样的方法编织左袖

图表1

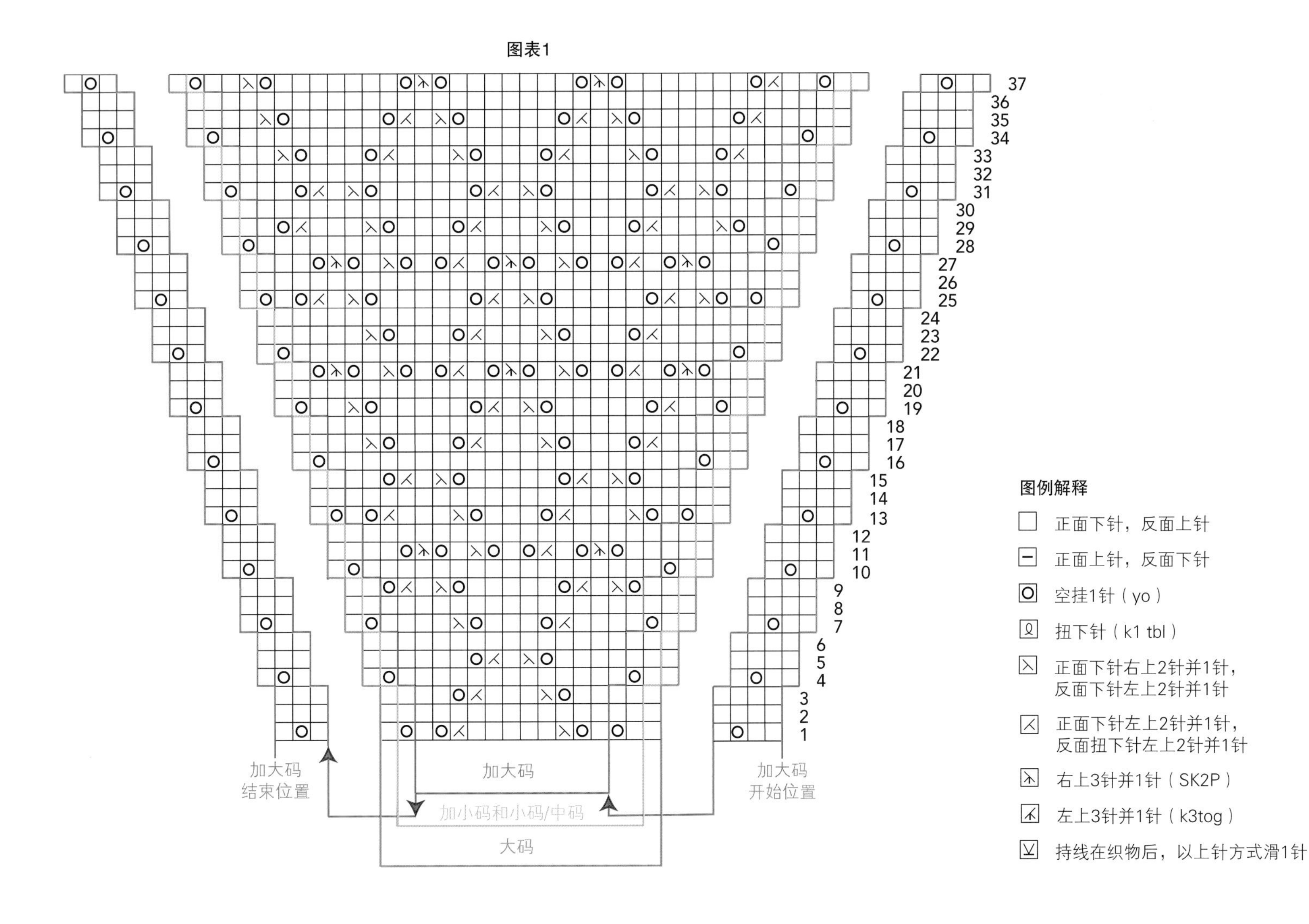

图表2-左半部分

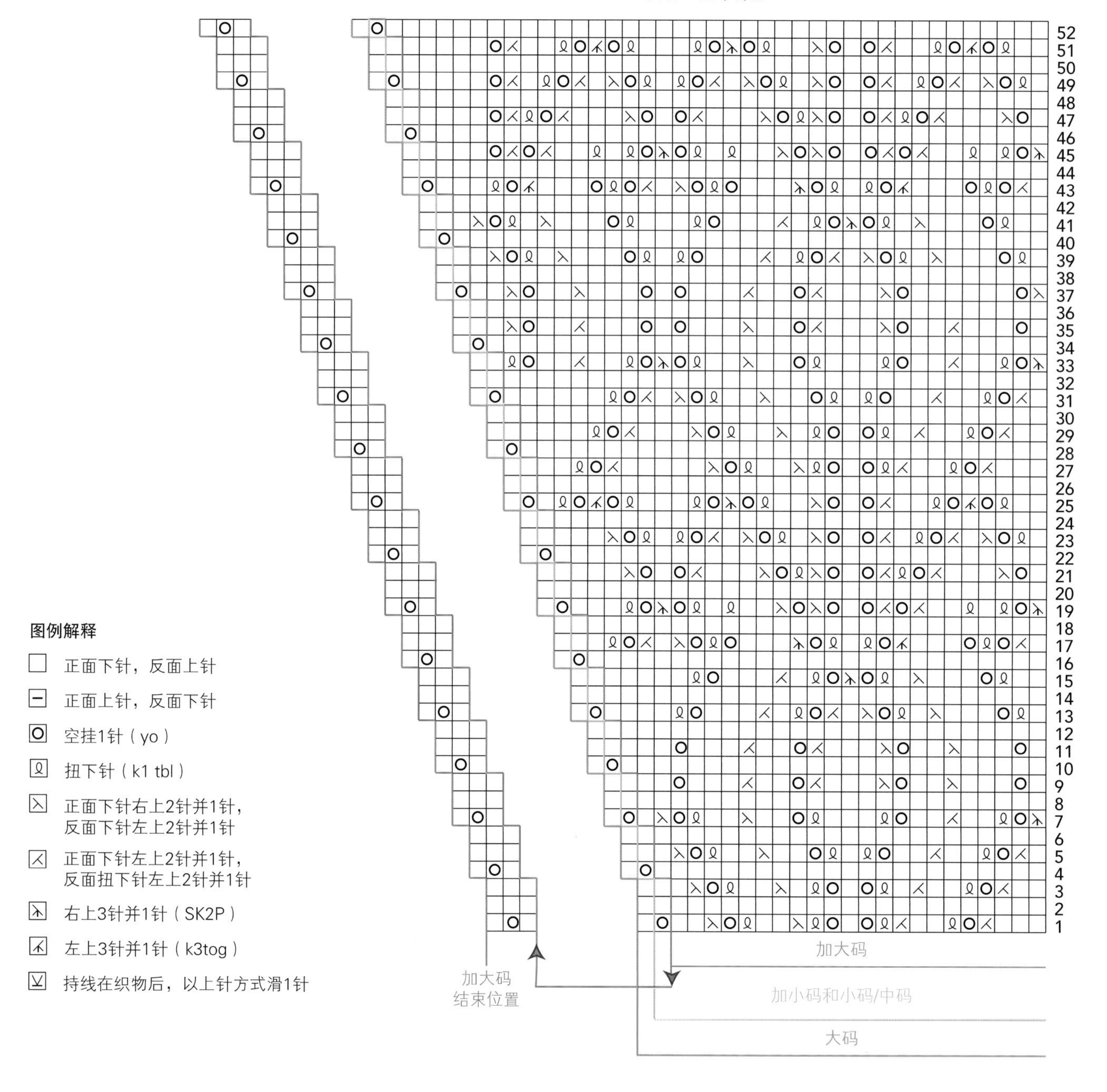
图例解释
正面下针，反面上针
正面上针，反面下针
空挂1针（yo）
扭下针（k1 tbl）
正面下针右上2针并1针，
反面下针左上2针并1针
正面下针左上2针并1针，
反面扭下针左上2针并1针
右上3针并1针（SK2P）
左上3针并1针（k3tog）
持线在织物后，以上针方式滑1针
加大码
结束位置
加大码
加小码和小码/中码
大码

图表2-右半部分

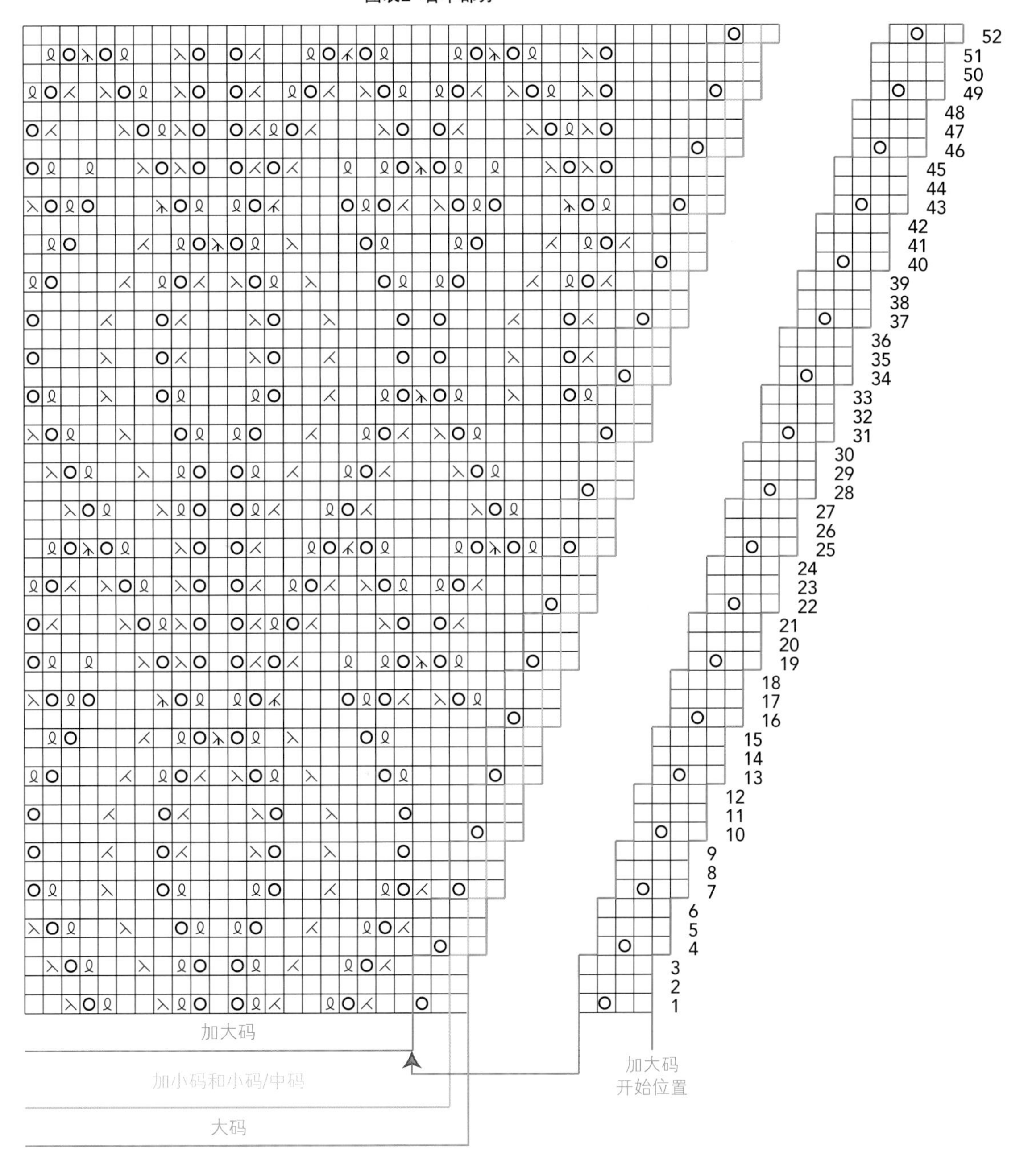

52
51
50
49
48
47
46
45
44
43
42
41
40
39
38
37
36
35
34
33
32
31
30
29
28
27
26
25
24
23
22
21
20
19
18
17
16
15
14
13
12
11
10
9
8
7
6
5
4
3
2
1
加大码
加小码和小码/中码
大码
加大码
开始位置

蕾丝袖边

开始编织图表4

袖子正面对着自己，用零线，左棒针起22针作为蕾丝袖边

按照图表4编织34行蕾丝袖边，以2行对1针的方式连接衣身，但不织任何一针对多行的角针，以行34结束

小心移除零线，把针目转移到双头直针上

将蕾丝边缘首尾连接

图表3

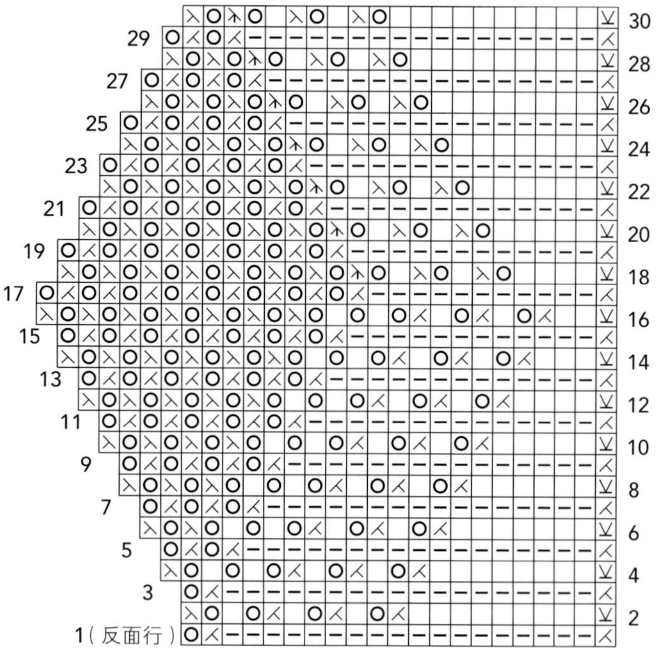

1（反面行）

图表4

1（反面行）

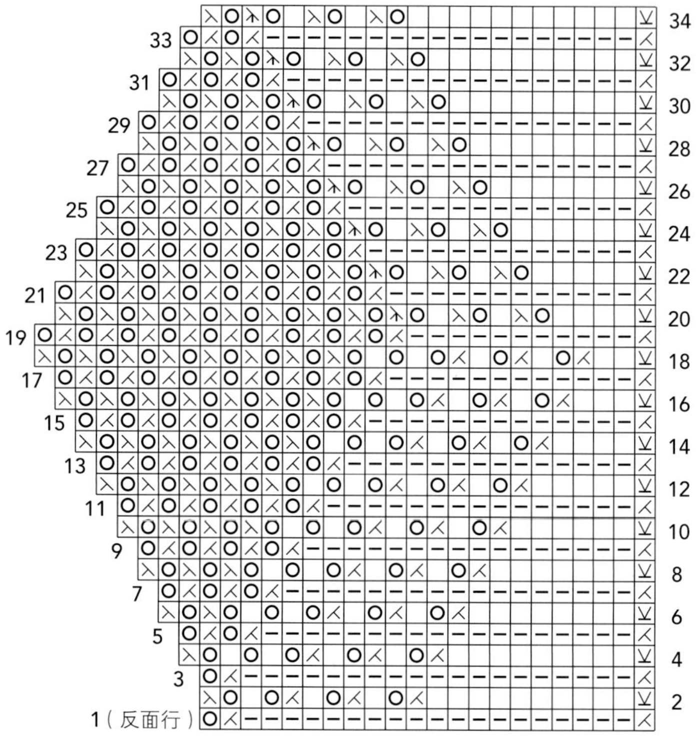

图例解释

□ 正面下针，反面上针

⊟ 正面上针，反面下针

◎ 空挂1针（yo）

扭下针（k1 tbl）

正面下针右上2针并1针，反面下针左上2针并1针

正面下针左上2针并1针，反面扭下针左上2针并1针

右上3针并1针（SK2P）

左上3针并1针（k3tog）

持线在织物后，以上针方式滑1针

精致蕾丝手套

你可以挑战一下希里·莫尔的这双庄严华丽的加长手套。层叠的蕾丝花样贯穿始终，并通过在花样编织中数次更换针号来塑造它极贴合手臂的外形。

编织难度

■■■□

尺寸测量

手臂围（轻微拉伸）：23cm
手掌围（轻微拉伸）：15.5cm
长度：45.5cm
注意：手套有弹性，可覆盖大部分尺寸

使用材料和工具

• 原版线材

40g/绞（约302m）的Buffalo Gold Lux纱线（成分：bison/山羊绒/真丝/天丝），紫色，1绞

• 替代线材

25g/团（约175m）的Zealana Air Laceweight纱线（成分：帚尾袋貂毛/山羊绒/桑蚕丝），色号#A05 淡紫色，2团

- 0号（2mm）、1号（2.25mm）、2号（2.75mm）双头直针各1组（5根），或任意能够符合密度的针号
- 7号（4.5mm）双头直针
- 记号扣
- 大别针

密度

轻微拉伸后10cm×10cm面积内：24针×48行（使用2.75mm双头直针）
请务必花时间核对密度

9针重复

图例解释

□ 正面下针
⊟ 正面上针
⊙ 空挂1针（yo）
⅄ 右上3针并1针（SK2P）

摄影：露丝·卡拉翰

手套

手掌

用2号（2.75mm）双头直针起36针，连接形成圈织，注意不要扭起针目，放置圈织起始记号扣
按3下针、3上针的罗纹针织4圈

开始编织图表
圈1：织9针1组的花样4次
继续按照这个方法编织图表直至织完了6圈图表中的花样。将针目转移到大别针上

拇指

用2号（2.75mm）双头直针起18针，连接形成圈织，注意不要扭起针目，放置圈织起始记号扣
按3下针、3上针的罗纹针织4圈

开始编织图表
圈1：织9针1组的花样2次
继续按照这个方法编织图表直至织完了6圈图表中的花样

手和手臂

连接圈：按图表中的圈1织开始的9针（拇指针目），织大别针上的36针，织剩下的9针拇指针目（共54针）
继续按照这个方法编织图表直至织完了6圈图表中的花样
换成1号（2.25mm）双头直针
再织2次图表的圈1~6
换成0号（2mm）双头直针
再织9次图表的圈1~6（从连接圈算起，织了12次图表）
换成1号（2.25mm）双头直针
再织5次图表的圈1~6（从连接圈算起，织了17次图表）
换成2号（2.75mm）双头直针
再织15次图表的圈1~6（从连接圈算起，织了32次图表）
重复1次图表的圈1
按3下针、3上针的罗纹针织6圈
用7号（4.5mm）双头直针，按罗纹针型收针

收尾

藏好线头

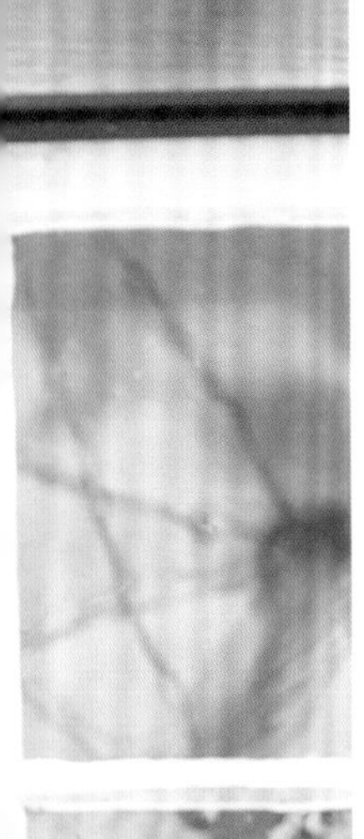

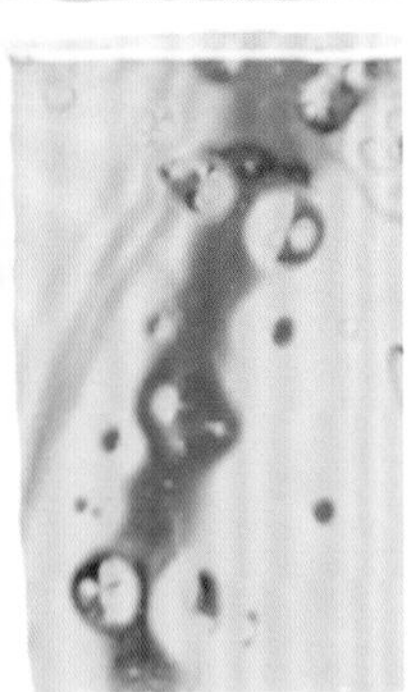

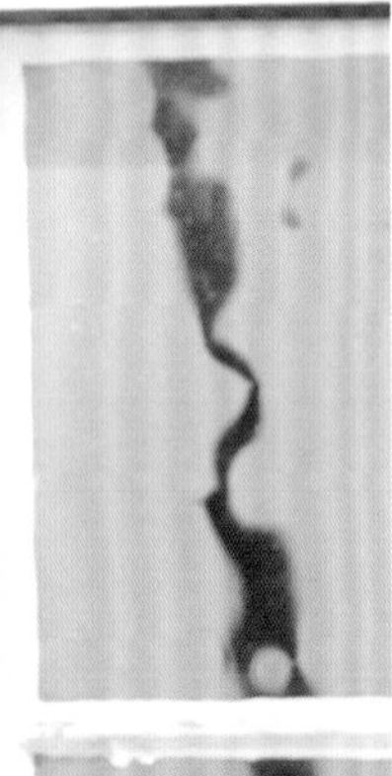

摄影：露丝·卡拉翰

蕾丝高领套头衫

摒弃厚重！这件长袖高领套头衫全身的蕾丝花样一定会让你眼前一亮。埃莉卡·施吕特的这件让人神往的薄款套头衫先片织后缝合，从领窝挑针向上编织的罗纹领口和底边、袖边的罗纹形成了呼应。

编织难度

尺码

加小码（小码，中码，大码，加大码），图中所示为小码

尺寸测量

胸围： 81（89，96.5，101.5，109）cm
长度： 61（62，63.5，65，66）cm
上臂围： 32（35.5，38，38，42）cm

使用材料和工具

• 原版线材

100g/绞（约800m）的Alpaca With a Twist Fino纱线（成分：羊驼毛/真丝），色号#3001 红宝石色，2（3，3，3，3）绞

• 替代线材

50g/绞（约400m）的Willow Yarns Stream Yarn纱线（成分：超耐洗美利奴羊毛/真丝），色号#0009 红宝石色，4（5，5，5，6）绞

• 1对2号（2.75mm）棒针，或任意能够符合密度的针号
• 1号（2.25mm）和2号（2.75mm）环形针各1副，40cm长度
• 1对8号（5mm）直针用来收针
• 记号扣
• 大别针

密度

织图表，定型后10cm×10cm面积内：24针×44行（用2.75mm棒针）
请务必花时间核对密度

注意

1）织蕾丝花样的时候，在每一个花样之间用记号扣隔开，这样容易分辨。当针数不够织完整一次花样的时候，有意识地少织1个用来抵消2针并1针减针的空加针，或者多织1个空加针去多凑1针
2）织图表时，最后一个中上3针并1针要改织成右上2针并1针
3）收针的时候要收得很松

后片
用2号（2.75mm）棒针，起146（158，170，182，194）针
按照1下针、1上针的单罗纹针织7.5cm，以反面行结束
减针行（正面行）：3下针，【1下针左上2针并1针，1下针】47（51，55，59，63）次，以2下针结束【99（107，115，123，131）针】
织1行上针

开始编织图表
行1（正面行）：1下针（作为边针），织图表第1针，8针1组的花样重复12（13，14，15，16）次到最后1针前，1下针（作为边针）
行2：织1行上针
继续按照这个方法编织图表直至织完2次行1~54，之后再织1次行1~25，此时织物从开始位置测量长约39.5cm

袖窿塑形
在接下来2行开头分别松松地收掉4针【剩余91（99，107，115，123）针】
减针行（反面）：1上针，1上针左上2针并1针，上针织到最后3针前，1扭上针左上2针并1针，1上针
继续编织花样，在每个反面行重复减针，再重复3次【83（91，99，107，115）针】
下一行是图表行35，继续按照花样编织直至袖窿长度19（20.5，21.5，23，24）cm，以反面行结束。用记号扣标记中间的27（29，31，33，33）针

领窝和肩膀塑形
注意：两个肩膀分别编织；在花样减针的时候，为了保持花样，如有需要可以少织1针空加针或者织2针并1针
下一行（正面行）：收掉6（7，6，7，7）针，继续编织直至右棒针上有22（24，28，30，34）针，滑中间的27（29，31，33，33）针到大别针上，加入第2团线，继续编织到最后
下一行（反面行）：收掉6（7，6，7，7）针，接下来只织左肩，继续按照模式，在接下来的4个正面行，领窝部分每次减1针，与此同时，从肩膀一侧收掉5（6，7，7，8）针，做2次，之后改为每次收4（4，5，6，7）针，做2次。右肩使用同样方法编织

前片
和后片一样编织，直至袖窿长14（15，16.5，18，19）cm，以反面行结束。用记号扣标记中间的11（13，15，17，17）针

领窝塑形
下一行（正面行）：织36（39，42，45，49）针，滑中间的11（13，15，17，17）针到大别针上，加入第2团线继续编织到底。左、右前片分别编织，继续在领窝位置塑形，从每侧的领窝减3针，做1次，之后每侧减2针，做1次，接下来每个反面行减1针，做7次【剩余24（27，30，33，37）针】
继续不加不减编织直至袖窿和后片一样长

肩膀塑形
在肩膀侧收6（7，6，7，7）针1次，5（6，7，7，8）针2次，之后4（4，5，6，7）针2次

袖子（织2条袖子）
用2号（2.75mm）棒针，起64（72，80，80，88）针，按1下针、1上针的单罗纹针织7.5cm，以反面行结束
减针行（正面行）：1（5，3，3，1）下针，1下针左上2针并1针，【3（3，4，4，5）下针，1下针左上2针并1针】12次，1（5，3，3，1）下针【51（59，67，67，75）针】
织1行上针

开始编织图表
行1（正面行）：1下针（作为边针），织图表第1针，织8针1组的花样6（7，8，8，9）次到最后1针前，1下针（作为边针）
行2：织1行上针
继续按这个方法编织图表，与此同时，每13行在每侧加1针（方法：在每个正面行的边针里面下加1针，在每个反面行的边针里面上加1针），重复12次【75（83，91，91，99）针】
继续不加不减编织直至织物从开始位置测量长度大约45.5cm，以第3次重复54行1组的循环的行50结束

袖山塑形
在接下来的2行开头位置各收掉4针
下一行（反面行）：1上针，1上针左上2针并1针，上针织到最后3针前，1扭上针左上2针并1针，1上针
接下来每2行就在两侧对称各减1针，重复3（5，7，11，13）次；每3行在两侧各减1针，重复9次；每2行在两侧各减1针，重复7次；最后每行在两侧各减1针，重复3（5，7，3，5）次（21针）
用8号（5mm）直针松松地收针

收尾
按尺寸定型织片，缝合肩膀、袖子、侧身线和袖缝。藏好线头

高翻领
用小号环形针，沿着领窝一圈均匀挑96（100，104，108，108）针，连接形成圈织，放置圈织起始记号扣，换大号环形针
圈1：按1下针、1上针的单罗纹针织这一圈，并均匀加24针【120（124，128，132，132）针】。按1下针、1上针的单罗纹针织20.5cm
用8号（5mm）直针松松地收针

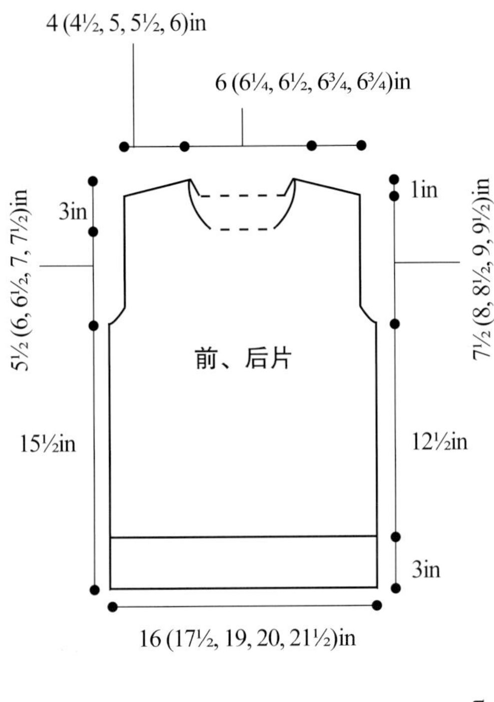

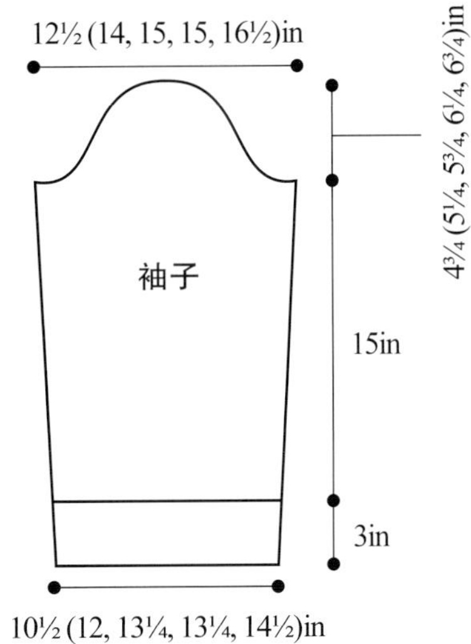

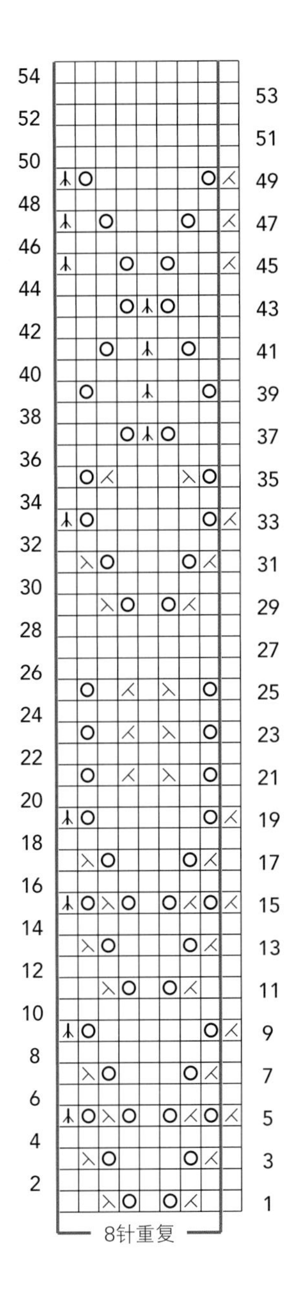

图例解释

- □ 正面下针，反面上针
- ○ 空挂1针（yo）
- ⋌ 下针左上2针并1针（k2tog）
- ⋋ 下针右上2针并1针（ssk）
- 人 中上3针并1针（S2KP）

注意：重复循环时的最后一个中上3针并1针要改织成右上2针并1针

蕾丝长围巾

结构像珊瑚礁一样错综复杂，路易·杨的这条宽蕾丝围巾整体由轻松活泼的全麻花和蕾丝花样组合而成，四周缀有起伏针边。推荐使用凉爽的优质棉线织这条长方形围巾，可以在春季作为搭配使用。

编织难度

■■■■

尺寸测量

约51cm × 158.5cm

使用材料和工具

- 50g/绞（约125m）的Patons Grace纱线（成分：棉），色号#62009 米色，9绞(3)
- 1对5号（3.75mm）棒针，或任意能够符合密度的针号
- 麻花针

密度

10cm × 10cm面积内：24针 × 31行（用3.75mm棒针）

请务必花时间核对密度

编织术语

2-st RPC：滑1针到麻花针上，置于织物后面，1扭下针，再把麻花针上的1针织上针

2-st LPC：滑1针到麻花针上，置于织物前面，1上针，再把麻花针上的1针织扭下针

2-st RST：1下针，加1针，将刚才织过的2针滑回左棒针，将此时左棒针上第3针盖过刚才的2针，将2针不改变针圈方向和次序滑回右棒针

3-st RT：1下针，空挂1针，1下针，将刚才织过的3针滑回左棒针，将此时左棒针上第4针盖过刚才的3针，将3针不改变针圈方向和次序滑回右棒针

3-st CC：滑2针到麻花针上并置于织物前面，1扭下针，将麻花针上的针目滑回左棒针，将左棒针上此时的第1针滑回麻花针上并置于织物前面，接下来左棒针上的第1针织上针，麻花针上的1针织扭下针

围巾

松松地起123针

按如下方法织9行起伏针：持线在织物前，以上针方式滑1针，下针织到最后1针前，1扭下针

开始编织图表

织图表行1，织16针1组的花样6次，织图表到底

继续按照这个方法织图表直至织完了9次44行，之后再重复1次行1~43

按照和开头同样的方法织9行起伏针

松松地收针

收尾

藏好线头，按尺寸定型

摄影：保罗·阿玛图

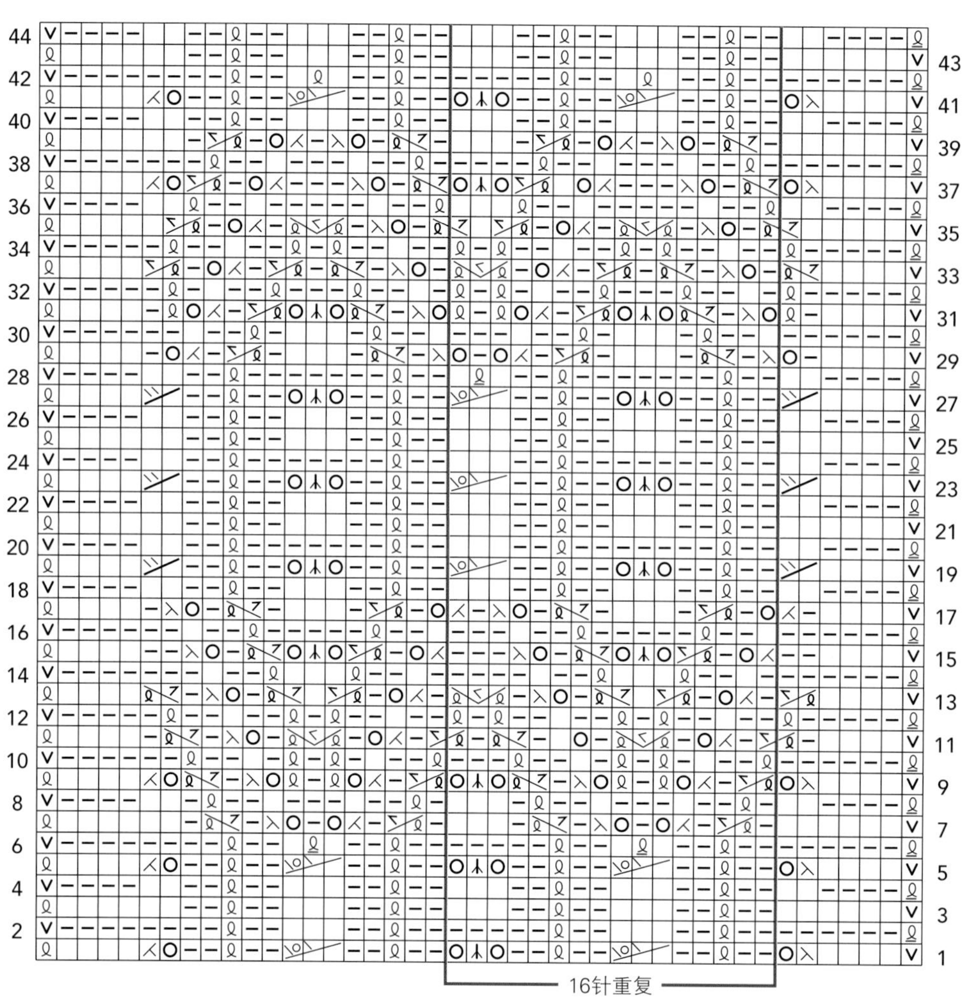

图例解释

- □ 正面下针，反面上针
- − 正面上针，反面下针
- V 持线在织物前，以上针方式滑1针
- O 空挂1针（yo）
- 中上3针并1针（S2KP）
- 左上2针并1针（k2tog）
- 右上2针并1针（ssk）
- 2-st RPC
- 2-st LPC
- 2-st RST
- 3-st RT
- 3-st CC
- 反面扭下针
- 正面扭下针
  反面扭上针

永恒蕾丝束腰外衣

身着布鲁克·妮可的这件独特的修身外衣一定会让你脱颖而出。前、后片主体的蕾丝是从中间的海星花样向外延伸编织的。育克从两侧分别向下编织，插肩袖的设计也十分别致。

编织难度

■■■■

尺码

加小码（小码，中码），图中所示为加小码

尺寸测量

胸围：78.5（86，92.5）cm

长度（从肩膀到蕾丝边缘）：86（87.5，89）cm

上臂围：30.5（32.5，34.5）cm

使用材料和工具

- 100g/绞（约201m）的Lorna's Laces Pearl纱线（成分：真丝/竹纤维），原白色，6（7，8）绞 (4)
- 1组（5根）6号（4mm）双头直针，或任意能够符合密度的针号
- 3根6号（4mm）环形针，长度分别为40cm、60cm、120cm
- 1根9号（5.5mm）钩针
- 安全别针
- 记号扣
- 零线
- 大别针

密度

定型后10cm×10cm面积内：22针×25行（用4mm双头直针）

请务必花时间核对密度

注意

1）嵌入的蕾丝花样是按图表1、2、3的方法从中心向外编织的。每圈重复4次。图表中只显示了偶数圈部分，所有的奇数圈（圈21除外）都织下针

2）蕾丝花样完成后，袖子和前、后片部分从上而下随着插肩袖塑形一起编织

3）减针的时候有两种很相似的针法：右上3针并1针和中上3针并1针，注意看清不要混淆

束腰外衣

蕾丝嵌花（织2片）

起8针，将针目平均分在4根针上，连接形成圈织，注意不要扭起针目

开始编织图表1

注意：当双头直针上的针目过于拥挤的时候，适时更换成40cm环形针并用记号扣标记每一次重复的位置。如有需要，可继续更换成更长的环形针

圈1和所有奇数圈（圈21除外）：分别织1圈下针

继续织图表1直至织完圈20

圈21：*松开上一圈的空挂针，形成一个大圈，在这个圈里织【1下针，1上针】3次共6针，27下针；从*开始重复到底

继续织图表1，奇数圈织下针，直至织完圈27

摄影：保罗·阿玛图

开始编织图表2
织图表2，所有奇数圈都织下针，直至织完圈49

开始编织图表3
织图表3，直至织完圈66（320针）
圈67： 织1圈下针，移除旧的记号扣并按如下方法放置新的记号扣：115下针，放置记号扣，161下针，放置记号扣，44下针

开始编织嵌花叶子边缘图表
注意： 这个图表需要片织。图表中没有显示奇数行，所有奇数行都织上针
建立圈： 松松地收掉第1个记号扣之前的115针（用安全别针在收掉的第35针上做标记，这个位置是领窝中心），中间的161针按照嵌花叶子边缘图表织，收掉最后的44针，断线
织物反面对着自己，加入新线
行1和所有反面行： 分别织1行上针
织嵌花叶子边缘图表的行2~12，松松地收针

右侧插肩育克
起27（31，35）针
行1（反面行）： 织15（17，19）上针作为后片，放置记号扣，织8上针作为袖子，放置记号扣，织4（6，8）上针作为右前片
行2： 1（3，5）下针，1下针右上2针并1针，空挂1针，1下针，滑过记号扣，空挂1针，下针织到记号扣前1针，空挂1针，1下针，滑过记号扣，空挂1针，1下针左上2针并1针，下针织到底【29（33，37）针】
行3和所有其后反面行： 分别织1行上针
行4： 1下针，加1针，下针织到记号扣前3针，1下针右上2针并1针，空挂1针，1下针，滑过记号扣，空挂1针，下针织到记号扣前1针，空挂1针，1下针，滑过记号扣，空挂1针，1下针左上2针并1针，下针织到底【32（36，40）针】
行6和行8： 1下针，加1针，下针织到记号扣前3针，1下针右上2针并1针，空挂1针，1下针，滑过记号扣，空挂1针，下针织到记号扣前1针，空挂1针，1下针，滑过记号扣，空挂1针，1下针左上2针并1针，下针织到底
行10： 1下针，加1针，下针织到记号扣前3针，1下针右上2针并1针，空挂1针，1下针，滑过记号扣，空挂1针，下针织到记号扣前1针，空挂1针，1下针，滑过记号扣，空挂1针，1下针左上2针并1针，下针织到最后3针前，1下针左上2针并1针，1下针。在这一行上用安全别针做标记（这一行是后背中心线位置）
行12： 起5针，10（12，14）下针，1下针右上2针并1针，空挂1针，1下针，滑过记号扣，空挂1针，下针织到记号扣前1针，空挂1针，1下针，滑过记号扣，空挂1针，1下针左上2针并1针，9（11，13）下针，1下针左上2针并1针，1下针
行13： 织1行上针
行14： 10（12，14）下针，1下针右上2针并1针，空挂1针，1下针，滑过记号扣，空挂1针，下针织到记号扣前1针，空挂1针，1下针，滑过记号扣，空挂1针，1下针左上2针并1针，11（13，15）下针
再重复18（20，22）次行13和14【84（92，100）针，其中前片13（15，17）针，袖子58（62，66）针，后片13（15，17）针】
移除所有记号扣。继续不加不减编织直至织物长度从起针位置测量达到23（24，25.5）cm，以反面行结束

分袖并编织衣袖三角片
下一行（正面行）： 13（15，17）下针，将接下来的58（62，66）针袖子针目转移到大别针上，腋下起8针，13（15，17）下针
行1： 34（38，42）上针
行2（正面行）： 1下针，1下针右上2针并1针，下针织到最后3针前，1下针左上2针并1针，1下针
行3、5、7、9： 分别织1行上针
行4、6、8： 分别织1行下针
再重复4次行2~9，之后重复9次行2~7，之后重复1（3，5）次行2和行3（剩余4针）
下一行（正面行）： 1下针，1下针左上2针并1针，1下针
下一行： 1上针左上3针并1针，收紧线头

左侧插肩育克
起27（31，35）针
行1（反面行）： 织4（6，8）上针作为左前片，放置记号扣，织8上针作

图例解释

□ 下针（k）
⊟ 上针（p）
下针左上2针并1针（k2tog）
下针右上2针并1针（ssk）
空挂1针（yo）
空挂1针2次
右上3针并1针（SK2P）
中上3针并1针（S2KP）
没有针目
-1 移除记号扣，将下一针以上针方式滑到右棒针，重新放置记号扣
-2 移除记号扣，将下2针以上针方式滑到右棒针，重新放置记号扣

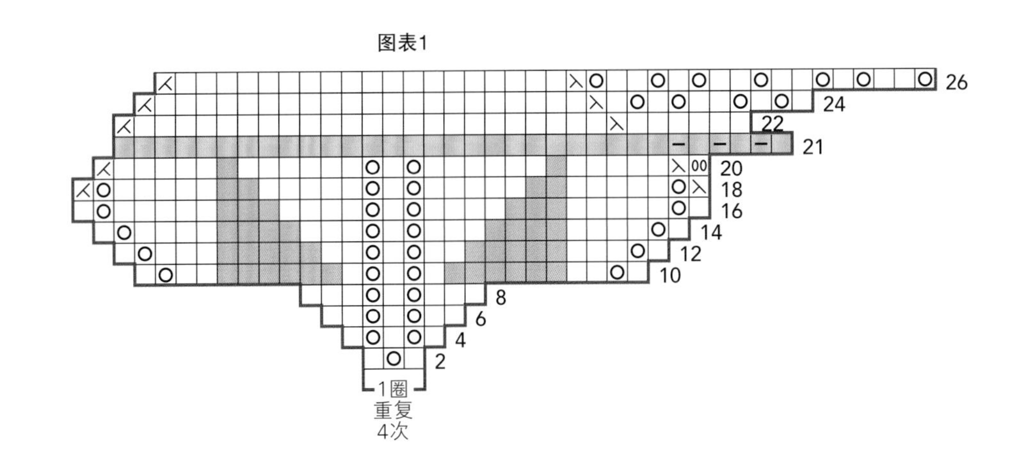

注意： 在织圈21的时候，松开圈20的2个空挂针中的1个，这样就形成了1个大圈。在这个大圈里，织3次（1下针，1上针）。下针织到记号扣位置。再次重复以上操作。除了圈21之外，其余的奇数圈都织下针

为袖子，放置记号扣，织15（17，19）上针作为后片

行2：12（14，16）下针，1下针右上2针并1针，空挂1针，1下针，滑过记号扣，空挂1针，下针织到记号扣前1针，空挂1针，1下针，滑过记号扣，空挂1针，1下针左上2针并1针，1下针

行3和所有其后反面行：分别织1行上针

行4：12（14，16）下针，1下针右上2针并1针，空挂1针，1下针，滑过记号扣，空挂1针，下针织到记号扣前1针，空挂1针，1下针，滑过记号扣，空挂1针，1下针左上2针并1针，加1针，1下针

行6和行8：12（14，16）下针，1下针右上2针并1针，空挂1针，1下针，滑过记号扣，空挂1针，下针织到记号扣前1针，空挂1针，1下针，滑过记号扣，空挂1针，1下针左上2针并1针，下针织到最后1针前，加1针，1下针

行10：1下针，1下针右上2针并1针，9（11，13）下针，1下针右上2针并1针，空挂1针，1下针，滑过记号扣，空挂1针，下针织到记号扣前1针，空挂1针，1下针，滑过记号扣，空挂1针，1下针左上2针并1针，下针织到最后1针前，加1针，1下针

行12：1下针，1下针右上2针并1针，8（10，12）下针，1下针右上2针并1针，空挂1针，1下针，滑过记号扣，空挂1针，下针织到记号扣前1针，空挂1针，1下针，滑过记号扣，空挂1针，1下针左上2针并1针，下针织到最后，在行尾起5针

按与右前片同样的方法收针，形状和右前片刚好相反

袖子（织2个）

用40cm环形针，腋下起4针，下针织大别针上留置的58（62，66）针袖子针目，腋下起4针【66（70，74）针】。连接形成圈织并放置圈织起始记号扣

圈1~5：分别织1圈下针

减针圈6：1下针右上2针并1针，下针织到最后2针前，1下针左上2针并1针

再重复8（6，3）次圈1~6，之后每4圈重复减针圈，再重复0（4，9）次（48针）

继续不加不减编织直至袖子从腋下起针位置测量长度达到23（24，25.5）cm

开始编织袖子叶子边缘图表

注意：在圈7、9和11，移除记号扣，将下一针以上针方式滑到右棒针，重新放置记号扣

每圈重复8针1组的花样6次，织2次圈1~12

松松地收掉所有针目

收尾

按尺寸定型

在距标记针2.5cm的位置缝合后片中心线。摆放好后片蕾丝嵌花，将中心线蕾丝嵌花上用安全别针标记的那个针目对齐，向下缝合到蕾丝嵌花的叶子边缘。另一侧的做法相同

按如下方法放置前片蕾丝嵌花：将领子位置的起针边和前片育克上用安全别针标记的收针针目连接，向下缝合至下边缘。继续缝合叶子蕾丝边缘和蕾丝嵌花

另一侧重复以上操作

用9号（5.5mm）钩针沿着领子钩1圈引拔针

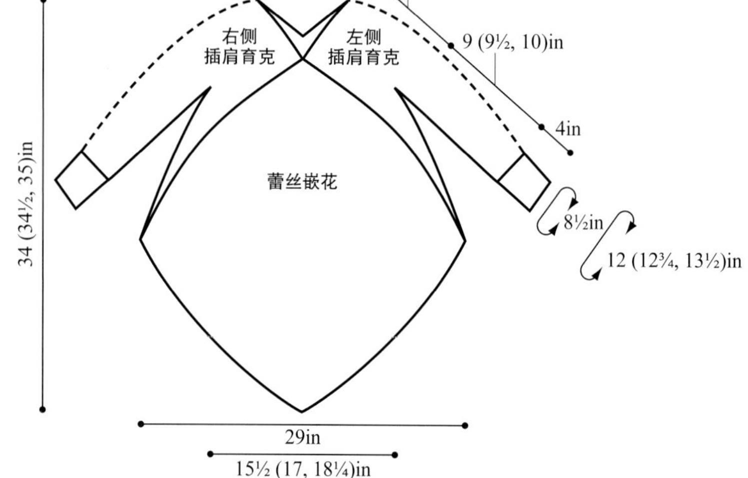

图例解释

- □ 下针（k）
- ⊟ 上针（p）
- 下针左上2针并1针（k2tog）
- 下针右上2针并1针（ssk）
- 空挂1针（yo）
- 空挂1针2次
- 右上3针并1针（SK2P）
- 中上3针并1针（S2KP）
- 没有针目
- -1 移除记号扣，将下一针以上针方式滑到右棒针，重新放置记号扣
- -2 移除记号扣，将下2针以上针方式滑到右棒针，重新放置记号扣

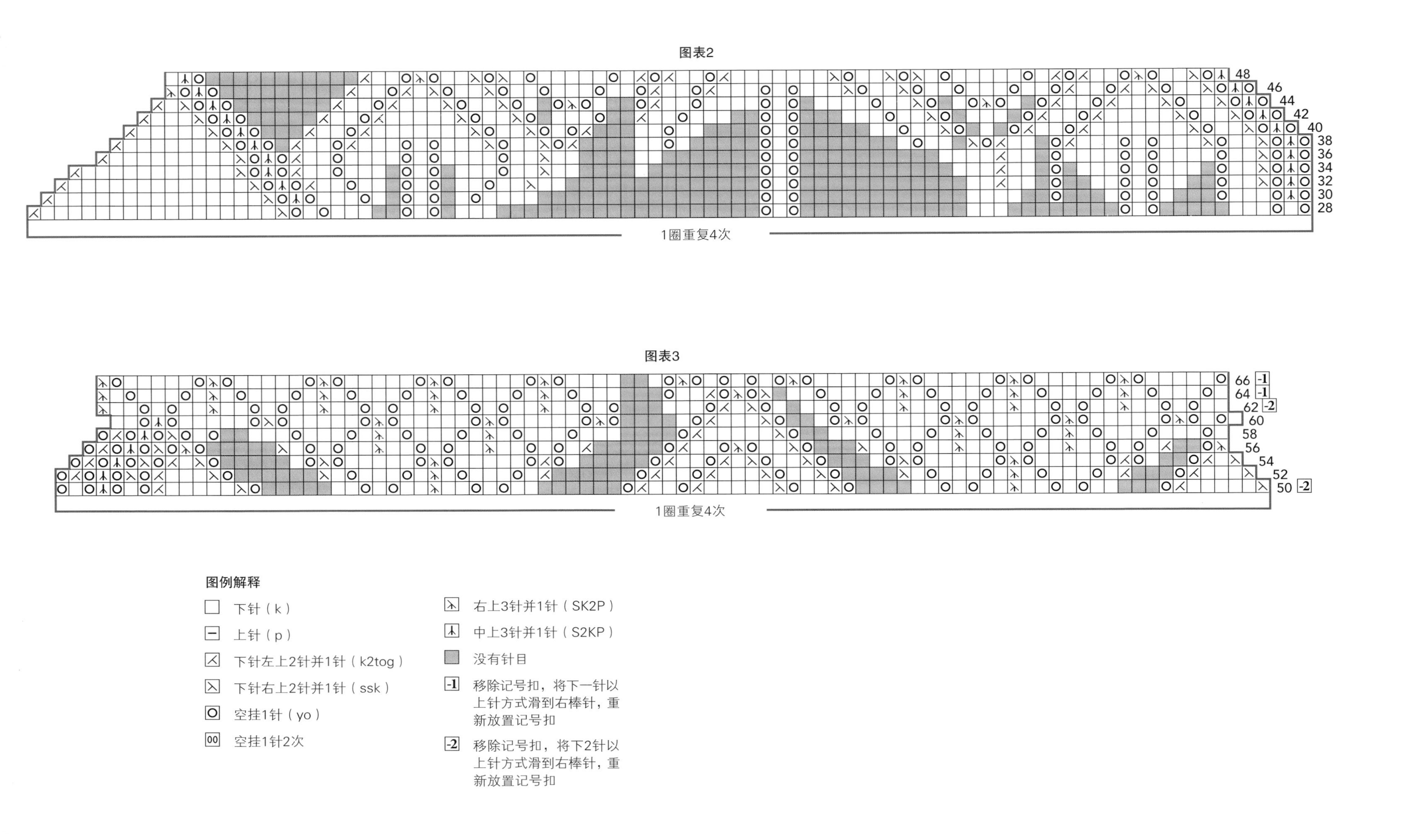

图表2
48
46
44
42
40
38
36
34
32
30
28
1圈重复4次
图表3
66 -1
64 -1
62 -2
60
58
56
54
52
50 -2
1圈重复4次
图例解释
下针（k）
上针（p）
下针左上2针并1针（k2tog）
下针右上2针并1针（ssk）
空挂1针（yo）
空挂1针2次
右上3针并1针（SK2P）
中上3针并1针（S2KP）
没有针目
移除记号扣，将下一针以上针方式滑到右棒针，重新放置记号扣
移除记号扣，将下2针以上针方式滑到右棒针，重新放置记号扣

蕾丝贝雷帽

凯特·加尼翁·奥斯本的这顶甜美又时髦的贝雷帽和老旧毫无关系。这顶法式便服帽需使用2根不同尺码的环形针和1组双头直针，从罗纹帽檐开始向帽顶编织树叶蕾丝花样。

编织难度

■■■□

尺寸测量

帽檐一圈（未拉伸）： 约43cm

直径： 25.5cm

使用材料和工具

• 原版线材

50g/绞（约151m）的Tilli Tomas Milan纱线（成分：山羊绒/真丝/美利奴羊毛），色号#20S 蓝色，2绞 (3)

• 替代线材

113g/绞（约333m）的Squoosh Fiberarts Merino Cashmere Sock纱线（成分：超耐洗美利奴羊毛/山羊绒/尼龙），色号#356 蓝色，1绞 (3)

• 1根2号（2.75mm）环形针，50cm长度，或任意能够符合密度的针号

• 1组（5根）2号（2.75mm）双头直针

• 1根0号（2mm）环形针，40cm长度

• 记号扣

密度

• 平针定型后10cm×10cm面积内：28针×35行（用大号环形针）

• 织图表，定型后10cm×10cm面积内：30针×38行（用大号环形针）

请务必花时间核对密度

贝雷帽

用小号环形针起140针，连接形成圈织，注意不要扭起针目，放置圈织起始记号扣

圈1： *【1下针，1上针】2次，1下针，2上针；从*开始重复到底

重复圈1直至尺寸为2.5cm

加针圈： *【1下针，空挂1针，1上针，空挂1针】2次，1下针，2上针；从*开始重复到底（220针）

下一圈： *【1下针，1扭下针，1上针，1扭上针】2次，1下针，2上针；从*开始重复到底

开始编织图表

换成大号环形针，1圈织11针1组的花样20次

继续织图表直至织完圈60，当觉得针目在环形针上不方便操作的时候换成双头直针（40针）

减针圈： *滑1针，织1下针，用滑过的那针盖过织过的1针；从*重复到底（20针）

再重复1次减针圈（10针）

断线，留20.5cm尾巴，将线一次性穿过所有剩余针目

收尾

藏好线头。湿定型，用一个直径25.5cm的圆盘撑住晾干

摄影：露丝·卡拉翰

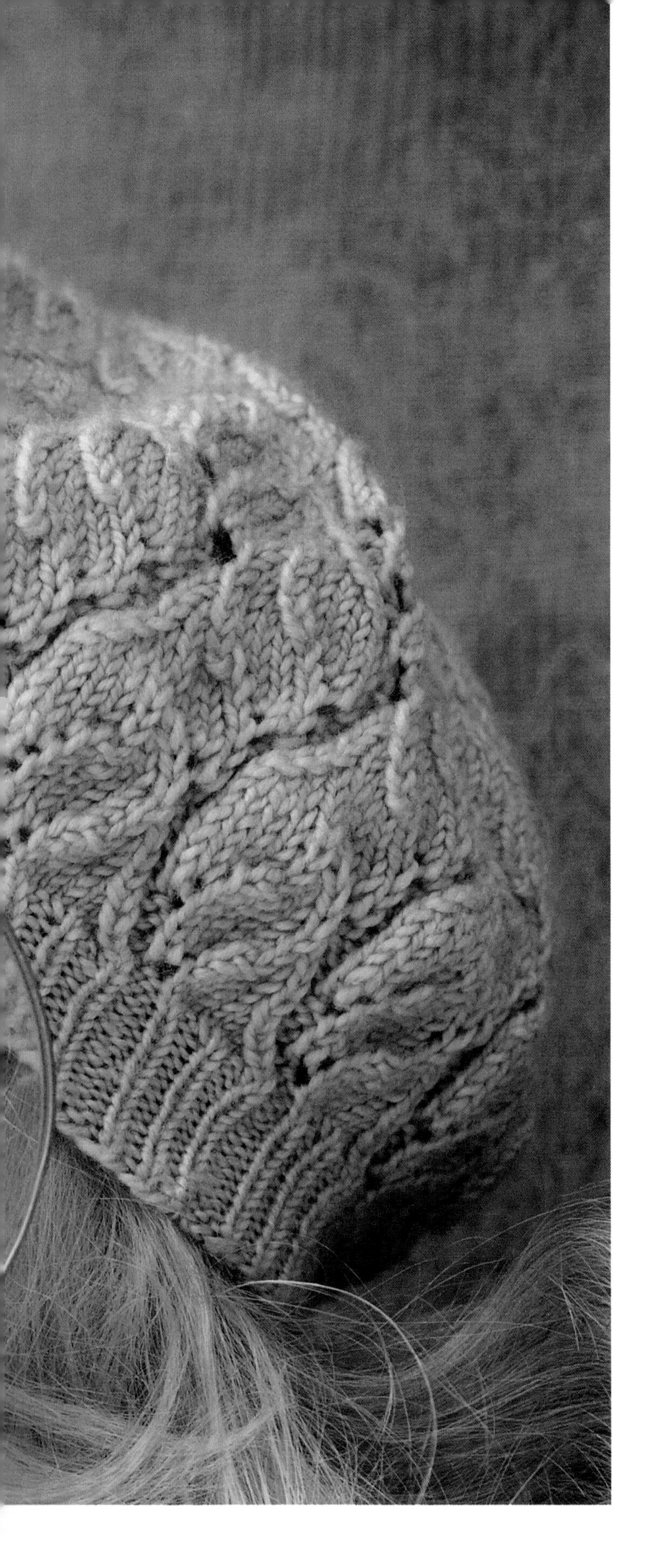

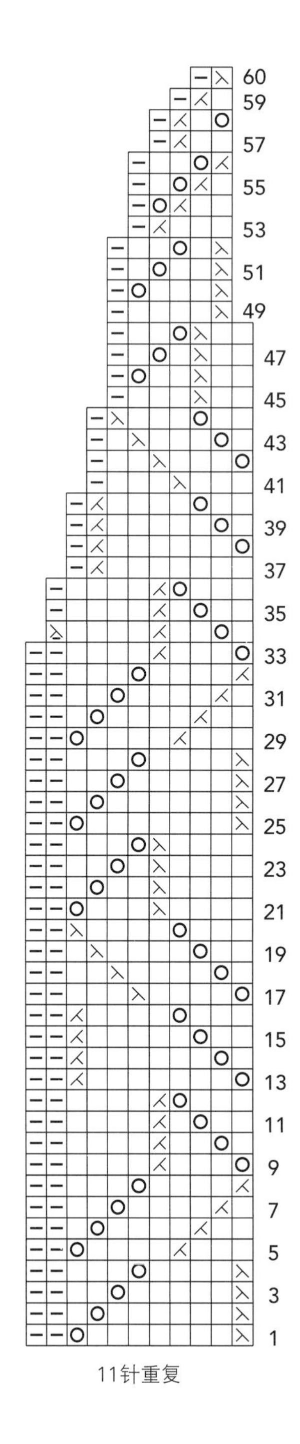

图例解释

- □ 下针（k）
- ⊟ 上针（p）
- ◎ 空挂1针（yo）
- ⧄ 下针左上2针并1针（k2tog）
- ⧅ 下针右上2针并1针（SKP）
- 上针左上2针并1针（p2tog）

奇妙的蕾丝袜

黛比·欧奈利的这双考究的袜子简直是从《爱丽丝梦游仙境》里走出来的。这双刚刚过脚踝高度的袜子是从袜边向下编织而成的，袜身两种不同的蕾丝花样由网眼针分隔开直至袜跟并延伸到袜尖。

编织难度

尺码

女士小码（中码，大码），图中所示为中码

尺寸测量

腿围：约16.5（19，21.5）cm

使用材料和工具

- **原版线材**

50g/绞（约146m）的Artyarns Cashmere Sock纱线（成分：山羊绒/羊毛/尼龙），色号#20S 灰蓝色，3绞 2

- **替代线材**

50g/绞（约169m）的Kelbourne Woolens Andorra纱线（成分：美利奴羊毛/高山羊毛/马海毛），色号#446 灰蓝色，3绞 2

- 1组（4根）1号（2.5mm）双头直针，或任意能够符合密度的针号
- 记号扣
- 大别针

密度

平针10cm×10cm面积内：36针×50行（用2.5mm双头直针）

请务必花时间核对密度

蕾丝分割线

4（6，8）针的蕾丝分割线

圈1：1（2，3）上针，1下针左上2针并1针，空挂1针，1（2，3）上针

圈2：1（2，3）上针，2下针，1（2，3）上针

圈3：1（2，3）上针，空挂1针，1下针右上2针并1针，1（2，3）上针

圈4：1（2，3）上针，2下针，1（2，3）上针

重复圈1~4塑造蕾丝分割线

袜子

用1号（2.5mm）双头直针，起60（68，76）针，将针目均匀分在3根针上。连接形成圈织，注意不要扭起针目，放置圈织起始记号扣

圈1：【1（2，3）上针，2下针，1（2，3）上针，2下针，2上针，4下针，1上针，4下针，1（2，3）上针，2下针，1（2，3）上针，4下针，1上针，4下针】2次

圈2：【1上针，1下针左上2针并1针，空挂1针，1（2，3）上针，1下针左上2针并1针，空挂1针，2上针，4下针，1上针，4下针，1（2，3）上针，1下针左上2针并1针，空挂1针，1（2，3）上针，4下针，1上针，4下针，0（1，2）上针】2次

摄影：露丝·卡拉翰

IN WONDERLAND

圈3：重复圈1

圈4：【1上针，空挂1针，1下针右上2针并1针，1（2，3）上针，空挂1针，1下针右上2针并1针，2上针，4下针，1上针，4下针，1（2，3）上针，空挂1针，1下针右上2针并1针，1（2，3）上针，4下针，1上针，4下针，0（1，2）上针】2次

重复圈1~4直至织物长度达到5cm

再重复1次圈1

袜腿

下一圈：【织蕾丝分割线的圈1，织图表1的圈1，织蕾丝分割线的圈1，织图表2的圈1】2次

继续按照既定模式织蕾丝分割线的圈1~4和图表，直至织物从开始位置测量长度达到20.5cm

盒形袜跟

注意：继续编织图表1并在两侧编织蕾丝分割线，每侧的边缘织2针平针。在反面行2和行4的蕾丝分割线按如下方法编织：1（2，3）下针，2上针，1（2，3）下针

下一行：按花样织21（25，29）针，4下针，翻面，滑1针，3上针，按花样织21（25，29）针，4上针。将余下的31（35，39）针移至大别针上作为脚背的针目暂时休针

继续按照如下方法往返片织袜跟：

下一行（正面行）：滑1针，3下针，按花样织21（25，29）针，4下针

下一行：滑1针，3上针，按花样织21（25，29）针，4上针

重复最后2行12（14，16）次，以反面行结束

下一行（正面行）：滑1针，下针织到底

下一行：滑1针，上针织到底

再重复3次行1和行2，以反面行结束

翻面塑形袜跟

行1：17（19，21）下针，滑1针，织1下针，用滑过的那针盖过织过的1针，1下针，翻面

行2：滑1针，6（6，7）上针，1上针左上2针并1针，1上针，翻面

行3：滑1针，下针织到缺口前1针，滑1针，织1下针，用滑过的那针盖过织过的1针，1下针，翻面

行4：滑1针，上针织到缺口前1针，1上针左上2针并1针，1上针，翻面重复行3和行4直至剩余20（21，23）针

仅针对小码

下一行：滑1针，下针织到缺口前1针，滑1针，织1下针，用滑过的那针盖过织过的1针，1下针，翻面

下一行：滑1针，上针织到最后2针前，1上针左上2针并1针（18针）

仅针对中码和大码

下一行（正面行）：滑1针，下针织到最后2针前，滑1针，织1下针，用滑过的那针盖过织过的1针【（20，22）针】

织1行上针

三角片

下一圈：用空余的双头直针，织袜跟的9（10，11）下针，放置新的圈织起始记号扣。用新的双头直针（编号1）织袜跟的9（10，11）下针，沿着盒形袜跟挑16（18，20）针；用空余的双头直针（编号2）按设定花样织31（35，39）针脚背针目；用剩下的双头直针（编号3）沿着另一侧盒形袜跟挑16（18，20）针，下针织剩余的9（10，11）针袜跟针目【81（91，101）针】

圈1：用编号1的双头直针，下针织到最后3针前，1下针左上2针并1针，1下针；用编号2的双头直针织花样；用编号3的双头直针，1下针，1下针右上2针并1针，下针织到底

圈2：不加不减编织，继续按花样织脚背，其余部分织平针（每圈都织下针）

重复这2圈直至剩余60（68，76）针

脚

继续按照花样编织，直至袜子比你所需的袜跟到袜尖长度短4.5（5，5.5）cm，以偶数圈结束

袜尖塑形

注意：脚趾部分织平针

建立圈：用编号1的双头直针，织下针；用编号2的双头直针，1下针，1下针右上2针并1针，下针织到最后3针前，1下针左上2针并1针，1下针；用编号3的双头直针，织下针【58（66，74）针】

织1圈下针

圈1：用编号1的双头直针，下针织到最后3针前，1下针左上2针并1针，1下针；用编号2的双头直针，1下针，1下针右上2针并1针，下针织到最后3针前，1下针左上2针并1针，1下针；用编号3的双头直针，1下针，1下针右上2针并1针，下针织到底

圈2：织1圈下针

重复圈1和圈2直至剩余22针

收尾

把脚底针目织到1根针上，用厨师针缝合法，将脚面和脚底针目缝合

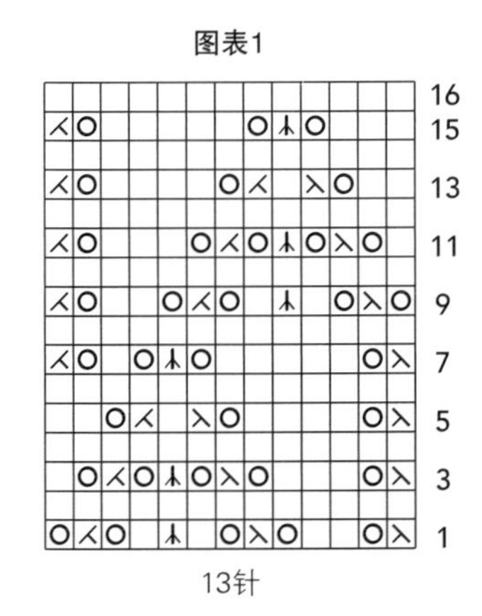

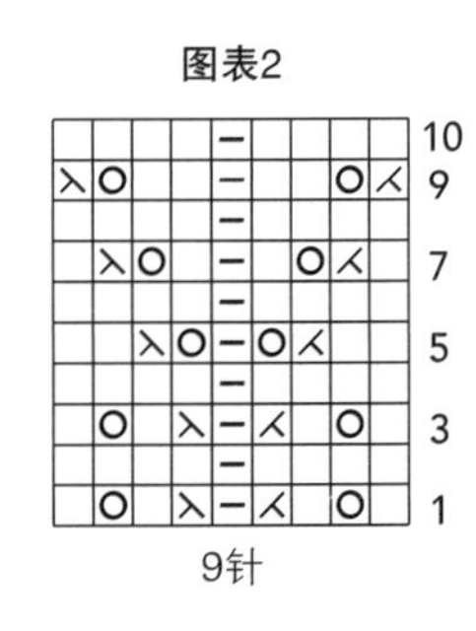

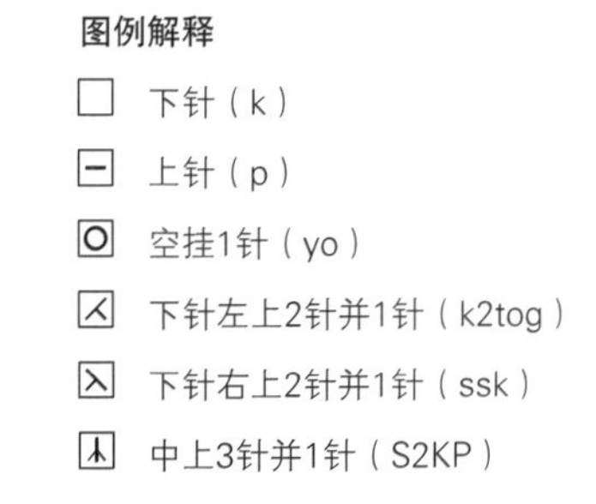

月光花蕾丝裙

让雪莉·帕顿的这条俏皮的洋娃娃裙释放出你内心的那个小花童吧。这条裙子窄窄的蕾丝边是水平横向编织而成的，其余的较大部分是从蕾丝边挑针编织或是织好后缝合上去的。

编织难度

▬▬▬▬

尺码

小码（中码，大码），图中所示为小码

尺寸测量

胸围： 86（94，102）cm

长度（从肩膀到蕾丝边缘）： 81（82.5，84）cm

上臂围： 30.5（33，35.5）cm

使用材料和工具

- 50g/团（约140m）的Anny Blatt Louxor纱线（成分：棉），色号#50 白色，13（14，15）团 (2)
- 1对6号（4mm）直针，或任意能够符合密度的针号
- 1根100cm长度或2根80cm长度的6号（4mm）环形针，使用长环形针（或2根较短环形针）是为了适应更多针目需求
- 大别针

密度

蕾丝结花样定型后10cm×10cm面积内：20针×28行（用4mm直针）

请务必花时间核对密度

蕾丝结花样

（16针的倍数+2针）

行1（正面行）： 1下针（作为边针），*2下针，空挂1针，1下针右上3针并1针，空挂1针，11下针；从*开始重复到最后1针前，1下针（作为边针）

行2： 1下针，上针织到最后1针前，1下针

行3： 1下针，*1下针左上2针并1针，空挂1针，3上针，空挂1针，1下针右上2针并1针，9下针；从*开始重复到最后1针前，1下针

行4： 1下针，*10上针，5下针，1上针；从*开始重复到最后1针前，1下针

行5： 1下针，*2下针，空挂1针，1下针右上3针并1针，空挂1针，11下针；从*开始重复到最后1针前，1下针

行6、8和10： 重复行2

行7： 织1行下针

行9： 1下针，*10下针，空挂1针，1下针右上3针并1针，空挂1针，3下针；从*开始重复到最后1针前，1下针

行11： 1下针，*8下针，1下针左上2针并1针，空挂1针，3上针，空挂1针，1下针右上2针并1针，1下针；从*开始重复到最后1针前，1下针

行12： 1下针，*2上针，5下针，9上针；从*开始重复到最后1针前，1下针

行13： 1下针，*10下针，空挂1针，1下针右上3针并1针，空挂1针，3下针；从*开始重复到最后1针前，1下针

行14： 重复行2

行15： 织1行下针

行16： 重复行2

重复行1~16塑造蕾丝结花样

橡果花边

起8针

行1： 空挂1针，1上针左上2针并1针，在下一针里织（1下针，1上针，1下针，1上针，1下针），空挂1针，1上针左上2针并1针，1下针，【空挂1针】3次，2下针（15针）

行2： 3下针，1上针，2下针，空挂1针，1上针左上2针并1针，5下针，空挂1针，1上针左上2针并1针（15针）

行3： 空挂1针，1上针左上2针并1针，5下针，空挂1针，1上针左上2针并1针，6下针（15针）

行4： 6下针，空挂1针，1上针左上2针并1针，5下针，空挂1针，1上针左上2针并1针（15针）

行5： 空挂1针，1上针左上2针并1针，1下针右上2针并1针，1下针，1下针左上2针并1针，空挂1针，1下针左上2针并1针，6下针（13针）

行6： 收掉3针，2下针，空挂1针，1上针左上2针并1针，1下针右上3针并1针，空挂1针，1下针左上2针并1针（8针）

橡果嵌花

起9针

行1： *【空挂1针，1上针左上2针并1针】2次，在下一针里织（1下针，1上针，1下针，1上针，1下针），【空挂1针，1上针左上2针并

摄影：露丝·卡拉翰

1针】2次（13针）
行2~4：*【空挂1针，1上针左上2针并1针】2次，5下针，【空挂1针，1上针左上2针并1针】2次
行5：【空挂1针，1上针左上2针并1针】2次，1下针右上2针并1针，1下针，1下针左上2针并1针，【空挂1针，1上针左上2针并1针】2次（11针）
行6：【空挂1针，1上针左上2针并1针】2次，1下针右上3针并1针，【空挂1针，1上针左上2针并1针】2次（9针）

注意
1）前、后片各自由5个单独编织的部分组成，另外在颈部一圈加上4条花边。袖子由4个部分组成
2）对于前、后片，缝合的时候，要确保在两条嵌花边和领窝处的“橡果”花样朝向一致。对于袖子，缝合的时候，要确保在袖边和手肘处嵌花的“橡果”花样朝向一致，且还要和前、后片包含的“橡果”花样朝向一致

后片
织片1
用环形针，起290（314，358）针，按照蕾丝结花样编织：
行1（正面行）：1下针（作为边针），按平针织0（4，2）针，重复16针1组的花样18（19，22）次，按平针织0（4，2）针，1下针（作为边针）
继续按照这个方法编织，直至织完了3次行1~16，之后再重复1次行1~6
减针行1（正面行）：1下针，*1下针左上2针并1针；从*开始重复到最后1针前，1下针【146（158，180）针】
减针行2（反面行）：1下针，*1上针左上2针并1针；从*开始重复到最后1针前，1下针【74（80，91）针】
收针，织片从开始位置测量长度大约20.5cm

嵌花1
用直针起9针，织25（27，31）次6行1组的橡果嵌花
此时织片大小应为5.5cm宽、61（66，75）cm长。收针，将嵌花1的上边缘缝合在织片1的收针边

嵌花2
用直针起9针，织14（15，16）次6行1组的橡果嵌花
此时织片大小应为5.5cm宽、34（37，39.5）cm长

胸衣
按如下方法在嵌花2的上边缘均匀挑66（74，82）针：
（在针目之间的空隙里）

仅针对小码
3挑2；之后4挑3，5次；之后5挑4，12次

仅针对中码
4挑3；之后5挑4，5次；之后6挑5，10次

仅针对大码
6挑5，3次；之后7挑6，11次

针对所有尺码
按如下方法编织蕾丝结花样
行1（正面行）：1下针（作为边针），按下针织0（4，0）针，织16针1组的花样4（4，5）次，按下针织0（4，0）针，1下针（作为边针）
继续按照这个模式，每隔1行在两侧各加1针（将加出来的针目织进花样里），做7次；之后每3行在两侧各加1针，做2次【84（92，100）针】
继续不加不减编织直至织物从挑针边开始测量长度达到11.5cm，以反面行结束

袖窿和领窝塑形
在接下来4（2，4）行的开头收掉2（3，3）针，之后的6（4，4）行开头收掉1（2，2）针，接下来的0（6，4）行收掉0（1，1）针【70（72，76）针】
继续不加不减编织直至袖窿长度达到12（13.5，14.5）cm

袖窿塑形
下一行（正面行）：织7（8，10）针，加入第2团线，收掉中间的56针，织到底。之后每行同时织左右两片，直至袖窿长度达到17.5（19，20.5）cm。将所有针目转移到大别针上

前片
按照和后片同样的方法编织，直至胸衣长度从挑针边开始测量达到10.5（12，13.5）cm，以反面行结束
注意：对于小码，先领窝塑形后开始袖窿塑形；对于中码和大码则相反

袖窿塑形
继续袖窿塑形（如有需要），像后片一样收掉中间56针并按同样方法完成这个部分

织片2
（织1个作为前片，1个作为后片）
织物正面对着自己，沿着嵌花2上另外那条长边挑66（74，82）针。按蕾丝结倒过来的顺序（也就是织行16到行1）编织：
花样的行16（反面行）：织1行上针
下一行（加针行，也是花样的行15）（正面行）：*【在下一针里前后两条针圈上分别织1下针】3（3，4）次，1下针；从*开始再重复9（17，7）次，**【在下一针里前后两条针圈上分别织1下针】2（0，3）次，1（0，1）下针；从**开始再重复7（0，9）次，【在下一针里前后两条针圈上分别织1下针】2次【114（130，146）针】
花样的行14：织1行上针
花样的行13（正面行）：1下针（作为边针），织16针1组的花样7（8，9）次，1下针（作为边针）
继续按照既定花样编织，且按照花样行16到行1的顺序，直至织完了56行花样，收针

袖子
用直针起8针，织16（16，18）次6行1组的橡果花边。此时织物长约40.5（40.5，45.5）cm，收针，（在针目之间的空隙里）按照如下方法沿着上边缘挑针：

仅针对小码和中码
5挑4；之后7挑6，12次；之后6挑5，1次（82针）

仅针对大码
4挑3；之后6挑5，17次（90针）

针对所有尺码
按平针织5行，继续按照如下方法织蕾丝结花样
行1（正面行）：1下针（作为边针），按平针织0（0，4）针，织16针1组的花样5次，按平针织0（0，4）针，1下针（作为边针）
继续按照这个模式编织直至织完了3次行1~16，之后再重复1次行1~6

仅针对小码
下一行（正面行）：【1下针左上2针并1针】7次，【1下针，1下针左上2针并1针】9次，【1下针左上2针并1针】7次，【1下针，1下针左上2针并1针】9次（50针）。收针

仅针对中码

下一行（正面行）：【1下针，1下针左上2针并1针】11次，【2下针，1下针左上2针并1针】4次，【1下针，1下针左上2针并1针】11次（56针）。收针

仅针对大码

下一行（正面行）：【1下针，1下针左上2针并1针】30次（60针）。收针

袖子嵌花

用直针起9针，织10（11，12）次6行1组的橡果嵌花，收针

上臂

（在针目之间的空隙里）按如下方法沿袖子嵌花的上边缘挑50（56，60）针：

仅针对小码

5挑4；之后6挑5，3次；之后7挑6，6次（50针）

仅针对中码

5挑4；之后6挑5，9次（56针）

仅针对大码

5挑4；之后6挑5，11次（60针）

塑形（针对所有尺码）

按照如下方法编织蕾丝结花样：

行1（正面行）：1下针（作为边针），按平针织0（3，5）针，织3次16针1组的花样，按平针织0（3，5）针，1下针（作为边针）

为了能减小花样并和主体的花样对齐，接下来按如下方法编织：

第1个反面行织上针，从下一个正面行开始，右袖织蕾丝结花样的第11（9，9）行，左袖织蕾丝结花样的第3（1，1）行，每3行在两侧各加1针，做2次；之后每4行在两侧各加1针，做3次【66（66，70）针】

继续不加不减织6行，这时织片从挑针位置开始测量长度大约9cm

袖山塑形

注意：右袖的袖山塑形开始位置在第2次重复的第11（9，9）行，左袖开始位置在第2次重复的第3（9，9）行。在接下来的2行开头位置收掉3针，之后2（4，4）行的开头位置收掉2针，之后的6行开头位置收掉1针，之后的2行开头位置收掉2针，之后8（10，12）行的开头位置收掉1针，之后4行的开头位置收掉3针。一次性收掉最后剩余的12（14，16）针

领边

织2条每条11个重复橡果嵌花的边，作为前后领窝的底边部分，再织2条每条5个重复橡果嵌花的边作为方领左右两侧的部分

收尾

按尺寸定型

把肩膀针目从大别针上移回棒针上，用三根针缝合法缝合肩膀

把2条11个重复橡果嵌花的边，横着缝在前后领窝的位置

把2条5个重复橡果嵌花的边，按照如下方法沿着方领的纵向边缝好：

先把这2条边的短边横向缝合在已经缝好的前后领窝处，再把这2条边的长边缝在方领领窝的纵向边缘上

把织片2缝在嵌花1的上边缘。注意，在此之前，嵌花1已经缝在了织片1的上边缘（前、后片都是）

缝合侧缝

将袖边缝在带有10（11，12）个重复橡果嵌花的嵌花片上

缝好袖子后，左右两只袖子缝合线看起来像是沿着对角线串联了3个蕾丝结花样

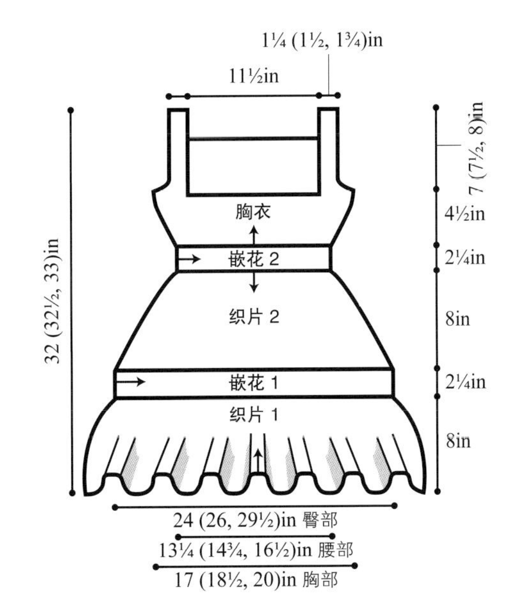

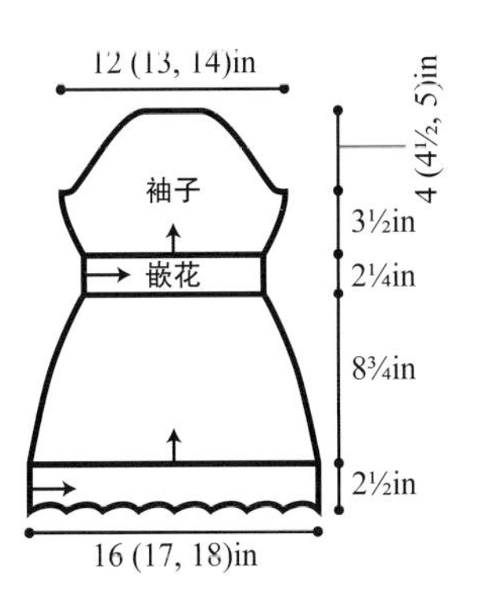

↑ = 编织方向

有帮助的信息

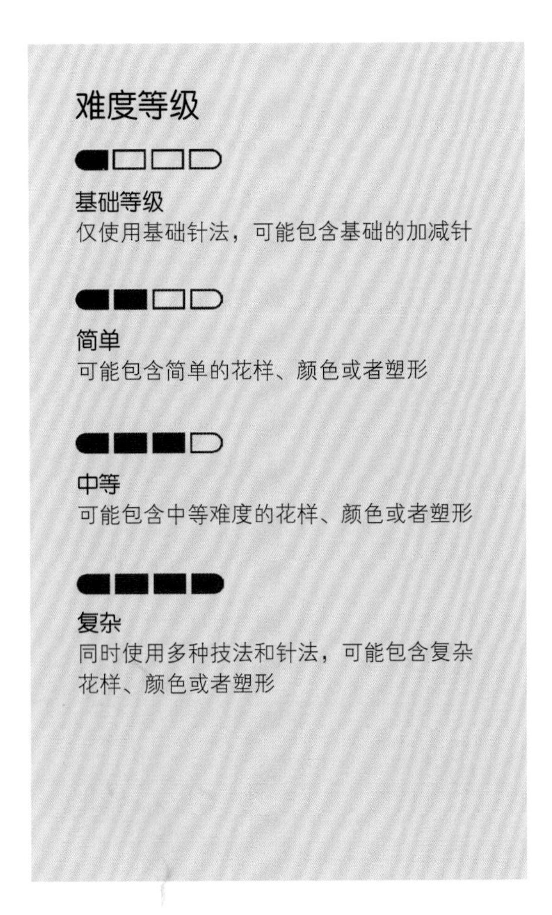

难度等级

基础等级
仅使用基础针法，可能包含基础的加减针

简单
可能包含简单的花样、颜色或者塑形

中等
可能包含中等难度的花样、颜色或者塑形

复杂
同时使用多种技法和针法，可能包含复杂花样、颜色或者塑形

棒针尺寸

美码	对应尺寸
0	2mm
1	2.25mm
2	2.75mm
3	3.25mm
4	3.5mm
5	3.75mm
6	4mm
7	4.5mm
8	5mm
9	5.5mm
10	6mm
10½	6.5mm
11	8mm
13	9mm
15	10mm
17	12.75mm
19	15mm
35	19mm

标准的纱线参照表

纱线粗细符号和种类	0 蕾丝	1 超细	2 细	3 中细	4 中	5 粗	6 超粗	7 极粗
属于这种粗细的纱线类别	Fingering，10号粗细的钩针线	袜子线，Fingering，Baby	Sport，Baby	DK，Light Worsted	Worsted，Afghan，阿兰	Chunky，Craft，Rug	Super Bulky，Roving	Jumbo，Roving
10cm内棒针平针密度*	33~40针**	27~32针	23~26针	21~24针	16~20针	12~15针	7~11针	6针及以下
推荐棒针	1.5~2.25mm	2.25~3.25mm	3.25~3.75mm	3.75~4.5mm	4.5~5.5mm	5.5~8mm	8~12.75mm	12.75mm及以上
推荐棒针针号范围（美码）	000~1	1~3	3~5	5~7	7~9	9~11	11~17	17及以上
10cm内钩针短针密度*	32~42针**	21~32针	16~20针	12~17针	11~14针	8~11针	6~9针	5针及以下
推荐钩针	钢制*** 1.4~1.6mm	2.25~3.5mm	3.5~4.5mm	4.5~5.5mm	5.5~6.5mm	6.5~9mm	9~16mm	16mm及以上
推荐钩针针号范围（美码）	钢制*** 6、7、8 常规钩针 B-1	B-1至E-4	E-4至7	7至I-9	I-9至K-10 1/2	K-10 1/2 至 M-13	M-13至Q	Q及以上

* 仅供参考：上表中是最普遍的推荐密度和针号

** 蕾丝粗细的线材通常使用大号钩针或棒针，以创造出蕾丝镂空花样。因此，密度就很难确定。要根据你所编织的花样确定

*** 钢制钩针的尺寸和常规钩针不同，数字越大，钩针实际越小，这一点和常规钩针相反

技法

厨师针缝合法

留至少4倍于缝合长度的线头，穿到缝针上，两片织物反面相对，确认每个织片上的缝合边针数相同，按如下方法缝合：

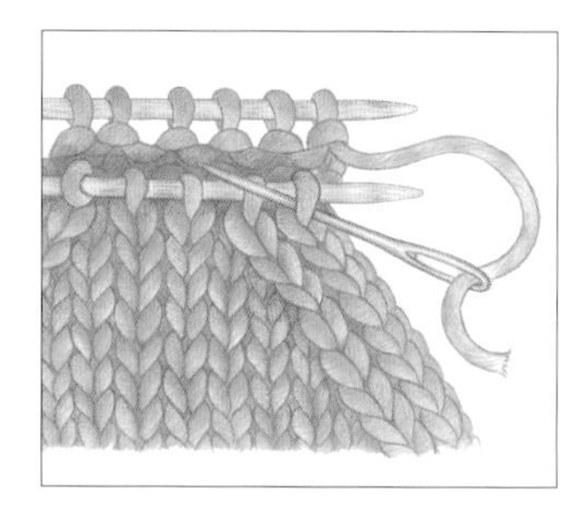

1）以上针方式用缝针穿过前面织片的第1针，拉线，针目留在棒针上不脱落

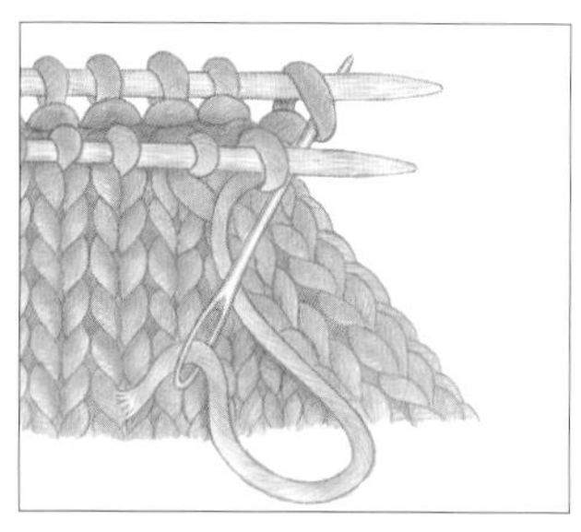

2）以下针方式用缝针穿过前面织片的第1针，拉线，针目留在棒针上不脱落

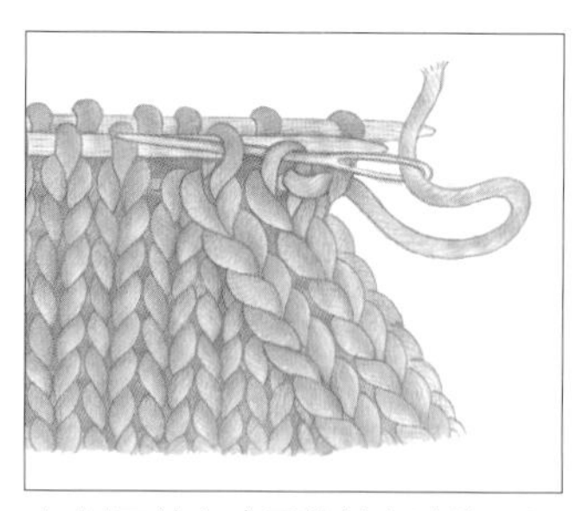

3）以下针方式用缝针穿过前面织片的第1针，拉线，使针目从棒针上脱落，然后以上针方式用缝针穿过前面织片的下一针，拉线，针目留在棒针上不脱落

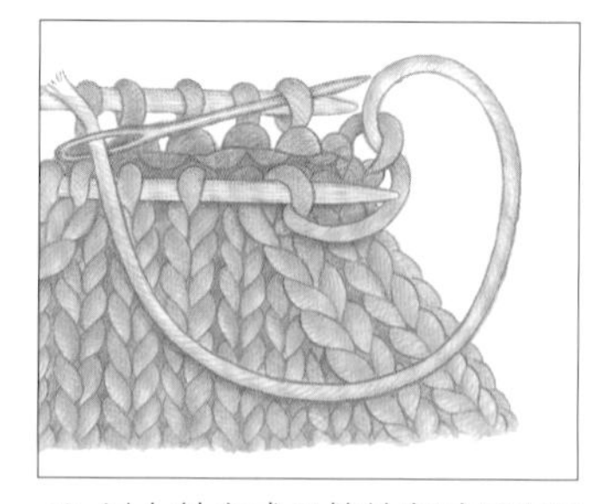

4）以上针方式用缝针穿过后面织片的第1针，拉线，使针目从棒针上脱落，然后以上针方式用缝针穿过前面织片的下一针，拉线，针目留在棒针上不脱落

重复步骤3和4，直至前后两根棒针上的所有针目合并完毕

三根针缝合法

1）两片织物反面相对，2根针平行放置，拿起第3根针，以下针方式一次性穿入2根针上的第1针，像织下针一样绕线，编织

2）将这2针一起织下针2针并1针，*用同样的方法继续一对一地进行并针编织

3）将第3根针上的第1针盖过第2针，并从棒针上脱落针圈。从步骤2的*位置开始重复，直到收完所有针目

临时起针法

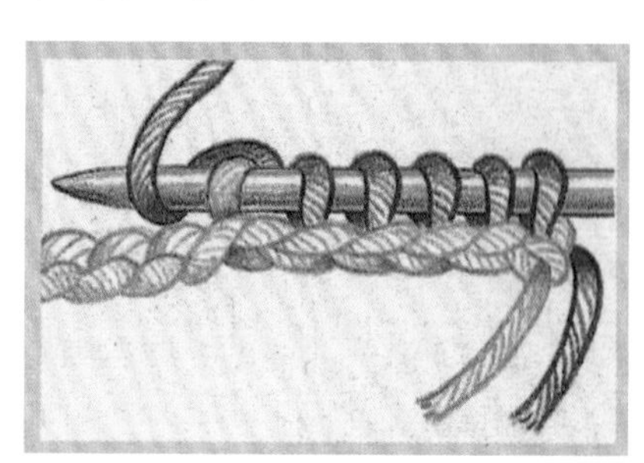

用零线和钩针钩一条锁链针，针数比所要起针的针数多几针。用棒针和编织纱线从锁链针的里山挑针编织。拆除零线时，从最后一针锁链针里将线尾拉出，慢慢拉开锁链针，将露出的针圈穿在棒针上

中长针（hdc）

1）用钩针绕线

2）将钩针插入下一个针目里，绕线

3）将线从针目里拉出，现在钩针上有3个线圈，再次绕线

4）将线从3个线圈里一次性拉出，一针中长针就完成了

短针（sc）

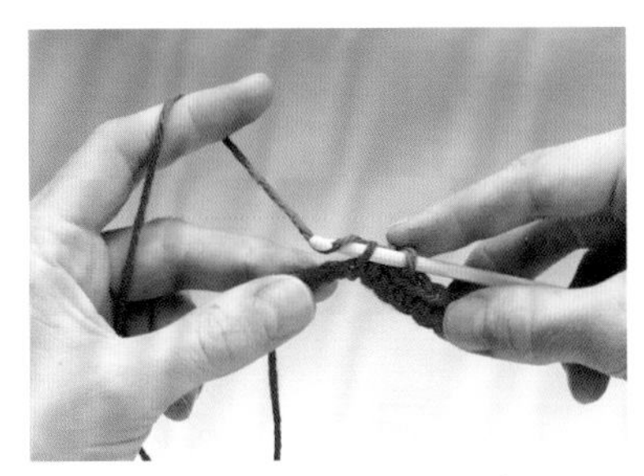

1）将钩针插入下一个针目，绕线

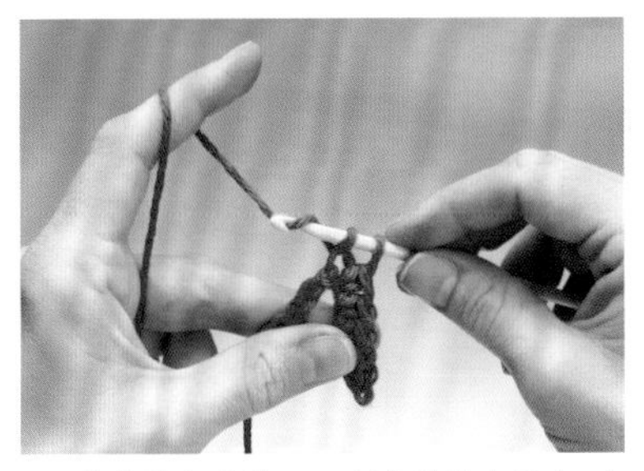

2）钩住绕好的线圈，现在钩针上共有2个线圈，绕线

3）将线从2个线圈中一次性拉出，一针短针就完成了

引拔针（sl st）

1）将钩针穿入下一个针目，绕线

2）一次性将线从针目和钩针上的线圈里拉出

英文缩略语

2nd 第二
approx 大约
beg 开始
CC 配色线
ch 锁针
cn 麻花针
cont 继续
dec 减针
dec'd 减了
dpn 双头直针
foll 如下
inc 加针
inc'd 加了
k 下针
kfb 在同一针里前后两个针圈各织1针下针（加了1针）
k2tog 2针一起织下针（减了1针）
k3tog 3针一起织下针（减了2针）
LH 左棒针
lp(s) 针圈
M1L 用左棒针从前向后挑起刚刚织过的1针和左棒针上第1针之间的渡线，织扭下针（加了1针）
M1 p-st 用左棒针从前向后挑起刚刚织过的1针和左棒针上第1针之间的渡线，织扭上针（加了1针）
M1R 用左棒针从后向前挑起刚刚织过的1针和左棒针上第1针之间的渡线，织下针（加了1针）
MC 主色线
p 上针
p2tog 2针一起织上针（减了1针）
pat(s) 花样
pm 放置记号扣
psso 将滑过的1针盖过
rem 剩余
rep 重复
rev 相反
RH 右棒针
rnd(s) 圈
RS 正面
S2KP 以下针方式一次性滑2针，织1针，用滑过的2针盖过织完的1针（减了2针）
sc 短针
SKP 滑1针，织1下针，用滑过的1针盖过织完的1针（减了1针）
SK2P 滑1针，2针一起织1下针，用滑过的1针盖过刚刚织完的并针（减了2针）
sl 滑过
sl st 滑针
sm 滑过记号扣
ssk 以下针方式滑1针，再滑1针，不改变针圈方向将针目移回左棒针，下针织2针并1针（减了1针）
ssp 以上针方式滑1针，再滑1针，不改变针圈方向将针目移回左棒针，上针织2针并1针（减了1针）
sssk 以下针方式滑1针，滑1针，滑1针，用左棒针针尖穿过这3针的前面针圈，织并针（减了2针）
st(s) 针
St st 平针
tbl 穿过后面针圈
tog 一起
w&t 绕线翻面
WS 反面
wyib 持线在织物后
wyif 持线在织物前
yd 码
yo 空挂针
* *的内容重复多少次按照指示进行
[ ] 方括号内重复，次数按指示进行

图书在版编目（CIP）数据

经典的棒针蕾丝：40款独特又精致的蕾丝衣物/美国Vogue Knitting编辑部编著；潇潇译. —郑州：河南科学技术出版社，2024.4
ISBN 978-7-5725-1357-2

Ⅰ.①经… Ⅱ.①美… ②潇… Ⅲ.①钩针－编织－图集 Ⅳ.①TS935.521-64

中国国家版本馆CIP数据核字（2023）第227377号

出版发行：河南科学技术出版社
地址：郑州市郑东新区祥盛街27号　邮编：450016
电话：（0371）65737028　65788613
网址：www.hnstp.cn
策划编辑：张　培
责任编辑：葛鹏程
责任校对：刘逸群
封面设计：张　伟
责任印制：徐海东
印　　刷：北京盛通印刷股份有限公司
经　　销：全国新华书店
开　　本：635 mm × 965 mm　1/8　印张：20　字数：350千字
版　　次：2024年4月第1版　2024年4月第1次印刷
定　　价：98.00元

如发现印、装质量问题，影响阅读，请与出版社联系并调换。